我的第一本趣味物理书

U0353037

我的第一本

趣味
物理书 第2版

韩　垒◎编著

中国纺织出版社

内 容 提 要

《我的第一本趣味物理书(第2版)》将带你进入奇妙的物理世界,让你了解生动有趣的物理知识。书中讨论了各种看似简单却又蕴含着丰富多彩的知识的物理现象、引人入胜的故事、有趣的难题、各种奇谈怪论,以及从各种日常生活现象或者科学幻想小说里蕴含的出人意料的知识。读完这本书,你将成为让伙伴们羡慕的小科学家。

图书在版编目(CIP)数据

我的第一本趣味物理书 / 韩坌编著. --2版. --北京:中国纺织出版社,2017.1 (2022.6重印)
ISBN 978-7-5180-2769-9

Ⅰ.①我… Ⅱ.①韩… Ⅲ.①物理学–少儿读物 Ⅳ.①04–49

中国版本图书馆CIP数据核字(2016)第152509号

责任编辑:胡 蓉 特约编辑:徐 静 责任印制:储志伟

中国纺织出版社出版发行
地址:北京市朝阳区百子湾东里A407号楼 邮政编码:100124
销售电话:010—67004422 传真:010—87155801
http://www.c-textilep.com
E-mail:faxing@c-textilep.com
中国纺织出版社天猫旗舰店
官方微博http://weibo.com/2119887771
三河市延风印装有限公司印刷 各地新华书店经销
2012年1月第1版 2017年1月第2版 2022年6月第2次印刷
开本:710×1000 1/16 印张:12.5
字数:124千字 定价:36.00元

亲爱的读者：

你知道影子的奥秘吗？

为什么轮胎上面会有花纹呢？

为什么足球在空中会拐弯？

为什么天上会出现彩虹？

为什么孔明灯能飞上天空？

为什么利用回音还能够进行石油勘探？

为什么微波炉没有火也能烧煮食物？

为什么交通信号灯是红、黄、绿三种颜色呢？

……

在这本书里，我们希望做到的，不是告诉您多少新的知识，而是要帮助您"认识所知道的事物"，也就是说，帮助您对物理现象有更深入的了解，从而激发小读者把这些知识应用到实际中去。

本书的主要目的是激发小读者的科学想象力，教会读者科学地思考，并且在读者的记忆里创造无数联想，把物理知识与经常碰到的各种生活现象结合起来。

为了达到这个目的，书里讨论了各种看似简单却又蕴含着丰富知识的题目，引人入胜的故事，有趣的难题，各种奇谈怪论，以及从各种日常生活现象或者科学幻想小说里蕴含的出人意料的知识。

本书第1版受到了广大小读者的喜爱，第2版在保留第1版全部优点和特色的基础上，又对全书内容进一步完善，修改了一些配图，并对内文的版式进行了重新编排，使内容更鲜活生动；对一些句子进行了字斟句酌、反复推敲，使全书的可读性、易读性进一步提高。我们希望借助这本书，激发小读者对物理知识的兴趣，引导小读者更深入地去了解物理，利用物理，到更广阔的知识海洋中去遨游。

编著者

2016年1月

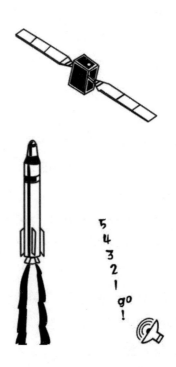

目 录

第1章　走进奇妙的物理世界

你知道什么是点石成金吗？

你知道古代的士兵为什么要枕着箭筒睡觉吗？

你知道在不打开鸡蛋的情况下如何知道鸡蛋的生熟吗？

你知道自己的真正的力量有多大吗？

你知道……

今天，就让我们走进奇妙的物理世界，去感受神奇的物理！

点石成金——揭开千年的奥秘

在中国的神话里，有一个叫吕洞宾的神仙，拥有点石成金的能力，一块普普通通的石头，经过他的手指点过之后，就变成了一块金灿灿的黄金。

这种神话一经出现，立刻引起了很多人的好奇。中国古代的道士，甚至皇帝，他们也总梦想点石成金，将普通的铜、铁炼成贵重的黄金。不仅仅在中国，外国人从公元前二三世纪开始就有人干这些蠢事，竟然一直延续到公元10世纪，许多君王都想通过点石成金的办法来解决他们的财政问题。甚至到1782年，英国的科学已经十分先进，出现了牛顿、戴维这样的科学家，有了皇家学会，却依然还有人在做这样的梦。

有一天，英皇乔治三世在宫里闷坐，正为日渐拮据的财政发愁，忽然有人来访，说他能点铁成金，而且还带来了黄金样品。乔治三世一听，连忙召见，来人捧上样品，是一块沉甸甸、黄灿灿、耀人眼目的黄金。乔治三世忙问，这是怎么得来的？来人回答说："我自幼学习化学，现在是皇家学会会员。我所用的炼金之法，并不像古代术士那样火烧顽石，而是用最新的化学方法使几种物质参加化学反应生成黄金。"乔治三世一听，来者是皇家学会会员，又是最新的方法，面前又摆着这一堆真金，乐得喜笑颜开，赶忙收下样品，并通知牛津大学授予他一个博士学位。谁知这事竟引起牛津大学和皇家学会的教授、学者的激烈争议。有人说也许真能点铁成金，有人说根本是异想天开，争论的结

果是请这位18世纪的术士当众一试。那个人也慨然应允，约好日期，他就去准备了。到那天，观众到齐，人们到实验室请他出来演示，谁知一推房门，他已伏在桌子上服毒自杀了。他本是自欺欺人，现在当然过不了这一关，只得一死了之了。

点石成金到底存在不存在，直到一个叫道尔顿的人出现，才彻底解决了这个争论。

道尔顿自幼聪明好学。有一次在炉边喝茶时，茶香均匀地飘散到整个房间。他认识到气体之所以能自由地、均匀地飘散，是因为这些气体都是些极小的微粒。他想起前人关于原子的设想，不过那毕竟还是一种理想的推测，要变成化学的原子论，自然还得经过化学实验的验证。后来在无数次的实验中，道尔顿就发现这些原子的结合总是按一定的比例，比如，把氢气和氧气放在一起化合，总是一份氧气和两份氢气结合成水。要是氢气用完了，氧气还有剩余，它永远也只能是氧气而不可能硬挤到水里去。

这样，一个伟大的思想产生了，他在1808年终于写成《化学哲学的新体系》一书。书中指出："化学的分解和化合所能做到的，充其量只是使原子彼此分离和再结合起来。"

由此，人们揭开了点石成金的真相，不同的金属由不同的原子组成，想把铁原子变成金原子是办不到的，千百年来那些梦想炼铁成金的人不知其中底细，这怎能不是一场空呢？

物理小链接

各种元素的原子各自不同，同时它们的质量也不同。原子非常小，它的直径只有一亿分之一到一亿分之四厘米。将50万个原子摆成一条直线，其长度也仅是一根头发的直径。

隔空吸物——无法阻挡的磁性

学习委员在装订班级画报的时候，因为天气冷，手冻僵了，一不小心将盒子里的订书钉全部打翻了，散落一大片。

要全部捡起来是一件非常困难的事情，只见小白走过来，说："都不用担心，看我的。"

只见他戴上手套，当手拂过散落的订书钉的时候，订书钉像着了魔法一样，全部都被吸附在他的手套上面。很快，散落的订书钉又全部聚集到一起。

大家都围过来，问小白是怎么做到的，小白说："我是一个武林人士，会隔空吸物。"

其实，奥秘就在小白的手套里，他在手套里放了一块磁铁，利用磁铁的吸力将散落的订书钉全部归拢到一起。

磁铁是一种铁矿石，也叫磁石，由于能够吸住铁、镍、钴等金属，也叫作吸铁石。

在大自然中，物质都是由分子或原子组成的，分子是由原子组成的，原子又是由原子核和电子组成的。在原子内部，电子不停地自转，并绕原子核旋转。电子的这两种运动都会产生磁性。但是在大多数物质中，电子运动的方向各不相同、杂乱无章，磁效应相互抵消。因此，大多数物质在正常的情况下，并不呈现磁性。

铁以及铁氧体等铁磁类物质有所不同，它内部的电子自旋可以在小范围内自发地排列起来，形成一个自发磁化区。在无外磁场作用时，这些原磁体排列紊乱，它们的磁性相互抵消，对外不显示磁性。当把铁靠近磁铁时，这些原磁体在磁铁的作用下，整齐地排列起来，使磁性加强，就被磁化了。磁铁的吸铁过程就是对铁块的磁化过程，磁化了的铁块和磁铁不同极性间产生吸引力，铁块就牢牢地与磁铁"粘"在一起了，也就是我们说的磁铁有磁性了。

磁铁一般可分为两种，一种为常见的永久磁铁，比如，小白手中的就是永久磁铁，还有一种是通电时才具备磁性的电磁铁。

每块磁铁的两头都有不同的磁极，一头叫S极，另一头叫N极。人们居住的地球，也是一块天然的大磁体，在南北两头也有不同的磁极，靠近地球北极的是S极，靠近地球南极的是N极。由于同性磁极相斥，异性磁极相吸引，所以，无论在地球表面的什么地方，拿一根可以自由转动的磁针，它的N极总是指向北方，S极总是指向南方。中国古代劳动人民发明的指南针就是根据这个原理。

了解了这些知识之后，就可以知道小白说自己是武林高手并且会隔空吸物的神功是在吹牛了。

物理小链接

制作简易的指南针：找一张薄薄的不吸水的塑料纸，让它漂浮在一个装满水的杯子里。找一根缝衣针，并在一块磁铁上反复摩擦，但要保证是沿着同一个方向摩擦的。重复至少40次以上，这个过程能让缝衣针磁化。然后小心地把缝衣针放到塑料纸上，你会看到缝衣针在慢慢地转动，最终会呈南北方向排列。

千里传音——古代的士兵枕着箭筒睡觉

>>>>>>>>>>>>>

小白和爸爸一起看电影《花木兰》的时候，爸爸问小白："那些士兵为什么都枕着箭筒睡觉呢？"

小白想了想，说："应该是枕着箭筒睡觉比较舒服吧。"

爸爸笑了笑，说："如果把你那软绵绵的枕头换成硬邦邦的枕头，会舒服吗？"

小白不好意思地笑了，说："他们肯定是没有枕头，只好枕箭筒了。"

爸爸说："他们可以枕自己的衣服嘛，不一定非要枕个硬邦邦的东西吧？"

小白摇摇头，说："那我就不知道了！"

爸爸说："我来告诉你！"

古代的士兵之所以枕着箭筒睡觉，主要是利用了声音在固体中比在空气中传播得快的原理。在空气中声音的速度约为340米/秒，而声音在大多数金属中传播的速度超过3000米/秒。

详细的分析，还要从箭筒和声音在大地中传播这两点入手。

在古代，为了探听对方的战马和士兵在路上行进的情况，一般会选择趴在地上听，这是因为从地上比从空气中能听到的行军的声音要大得多。比如，取一根10米长的铁管，一个人在铁管的一端，另外一个人在另一端，其中一个用手指轻敲铁管，这时将耳朵贴近铁管，听到的声音要比从空气中听到的声音大得多。这个实验说明了敲打固体产生的声音直接从固体中传播比从空气中传播的距离要远，所以可以通过大地探听到从更远的地方传来的行军的声音，这样可以更早地发现敌人的行动。

另外，从箭筒上分析。古代的箭筒，它是用皮革制成的，干燥后非常坚硬、结实，箭筒放在地上能起到收集声波的作用，就和我们的耳朵原理一样。

当同样的声音发出来的时候，枕在箭筒上比从空气中听到的声音要大。生活中我们都有这样的经历，两个人远距离喊话的时候，一方会将手呈张开状态放于耳朵后，这样可以起到收集声波的作用，就能够更清楚地听到对方的喊话内容。

由此看来，士兵枕着箭筒睡觉，能听到从较远处传来的响声，能够及早地发现敌情。

综上所述，古代士兵之所以枕着箭筒睡觉，是因为能听到从较远的距离传来的部队行军时的声音，箭筒起到了收集声波的作用，另外声音传播相同的距离，在大地中传播比在空气中传播要快。

小白听得津津有味，自豪地说："原来我们的古人那么聪明啊。"

爸爸说："当然了，我们的古人还有很多很多的成就和知识是你不知道的呢，想学习这些知识，就要好好学习。"

小白认真地点了点头。

物理小链接

人类耳朵的"耳蜗"为什么不和"麦克风"一样，凸在外面，而要通过一条长长的"耳道"呢？要回答这个问题，只要你"堵"上双耳，再听听你的"呼吸""咽口水"的"声音"，你就明白了，原来人类的"耳道"结构，可以将外界"细微"的声音"放大"，而且还会将我们身体的声音"扩大"并聆听，而后做出各种"判断"，以此更好地引导自己生存。这也就是为什么耳机放在耳朵里之后，只要很"小"的声音，都会觉得很"大声"的原因。

巧辨生熟——不需要打碎鸡蛋便可知道生熟

周六的时候，小白的姑姑来小白家做客。

在客厅里玩玩具的时候，小白闻到厨房里传出了扑鼻的香味，禁不住嘴馋，他跑进了厨房，提出要吃香喷喷的饭菜。

姑姑刮了一下他的鼻子，说："小白，想吃东西当然可以，但是先要帮我一个忙。"

小白眼巴巴地望着散发着香味的饭菜，迫不及待地点点头。

姑姑拿出两只鸡蛋，说："小白，姑姑忘记这两个鸡蛋哪个是生的，哪个是熟的了，你能在不打碎鸡蛋的前提下分辨出来吗？"

这下小白傻了眼，不打碎怎么能够知道鸡蛋是生还是熟呢？

姑姑说："看我的！"

只见姑姑拿起其中的一个鸡蛋，用手将鸡蛋旋转起来，鸡蛋转动了二三圈后，就停了下来；姑姑又拿起另外一个鸡蛋，同样用手将鸡蛋旋转，这个鸡蛋转动了好多圈之后才停下来，姑姑拿起那个转了好几圈的鸡蛋，说："这个是熟的。"

说完，她打开了那个鸡蛋，果然是熟的。

小白的好奇心被吊起来了，完全忘记了让他嘴馋的美食。他迫不及待地问

姑姑是怎么知道的。

　　姑姑随即将秘诀告诉了小白。

　　熟鸡蛋内部为固态，所以其重心位置相对固定，当旋转时，鸡蛋旋转形状不易改变，人外力作用时提供的能量都转化成旋转的动能；生鸡蛋内部为液态，在不同的旋转速度下，其重心会在不同位置（由于旋转速度不同，鸡蛋重心受到的离心力会不同，导致重心位置的改变），在重心位置变化的过程中，重量会受到内部液体的阻碍而做负功，使旋转的一部分能量消耗掉，所以在获得相同能量的情况下，生鸡蛋会转得圈数少。

　　小白听了之后，高兴地说："我又学到新知识了。"

　　姑姑说："大自然中有许多奇妙的知识，只要你善于动脑筋，就会懂得更多更多的知识。"姑姑继续说道："小白，你能不用我刚刚的方法，同样在不打破鸡蛋的情况下，知道哪个鸡蛋是生的，哪个鸡蛋是熟的吗？"

　　小白想了想，自信地回答说："能！"

小白拿着两只鸡蛋去了客厅，认真地研究去了。

聪明的小朋友，你能想出第二种方法吗？

 物理小链接

第二种方法同样是利用力学知识，将鸡蛋转动一段时间之后，突然按停鸡蛋，并立即缩手。如果缩手后不再转动的，则为熟蛋；反之，缩手后能自动再转几下的，则为生蛋。

因为熟鸡蛋被按停时，蛋壳、蛋白和蛋黄都全部停止转动，缩手后就继续保持静止状态。反之，生鸡蛋在按停时，只是蛋壳暂时停止转动，但蛋白和蛋黄因为惯性仍在转动，故缩手后，能带动蛋壳重新再转几下。

自制彩虹——我可以将彩虹放到你的手里

六月的天，小孩的脸，说变就变，刚刚还是晴空万里，突然就下起雨来。一场大雨过后，外面又放晴了。

小白和爸爸一起到外面去洗车，这个时候，东方的天空升起了一道美丽的彩虹。小白站在那里看呆了，他从来没有看到过这样美丽的情景，便问爸爸：“爸爸，那是什么啊？真好看。”

爸爸说："那叫彩虹，彩虹是气象中的一种光学现象，出现在雨后。雨后的天空中有大量的水汽或者雨点，当阳光照射到半空中的雨点或者水汽上时，光线被折射及反射，在天空中形成拱形的七彩光谱。那些美丽的光谱从外到内分别是红、橙、黄、绿、青、蓝、紫。"

一会儿，彩虹就消失了，小白有点失望。

爸爸看着失望的小白，继续说道："其实只要空气中有水滴，而阳光正在观察者的背后以低角度照射，便产生可以观察到的彩虹现象。彩虹经常在下午雨后刚转天晴时出现。这时空气内尘埃少而且充满小水滴，天空的一边因为仍有雨云而较暗。而观察者头上或背后已经没有云的遮挡而可见阳光，这样彩虹便会较容易地被看到。"

小白失望地说："爸爸，彩虹已经没有了，说也没有用了。"

爸爸故作神秘地说："小白，你想不想还看到彩虹？"

小白说："当然想看了。"

爸爸说："行！我一会就将彩虹放到你的手可以碰到的地方。"

说着，爸爸将手中的水管朝空中洒水，停了片刻之后，爸爸说："看，彩虹！"

果然，一道小的彩虹出现了，小白迫不及待地问爸爸是如何做到的。

爸爸向他解释了人造彩虹的原理。

原来，彩虹是因为阳光射到空中接近圆形的小水滴，造成色散和反射而形成的。阳光射入水滴时会同时以不同的角度入射，在水滴内亦以不同的角度反射。其中以40°~42°的反射最为强烈，造成我们所见到的彩虹。造成这种反射时，阳光进入水滴，先折射一次，然后在水滴的背面反射，最后离开水滴时再折射一次。因为水对光有色散的作用，不同波长的光的折射率有所不同，蓝光的折射角度比红光大。由于光在水滴内被反射，所以观察者看见的光谱是倒过来的，红光在最上方，其他颜色在下面。

想制作彩虹的话，只需要在晴朗的天气下背对阳光，在空中洒水或喷洒水雾，就可以人工地制造彩虹。

小白高兴地说："爸爸，那我岂不是可以天天看到彩虹了？"

爸爸点点头。

小白赶紧拿出水管，对着空中喷水，果然，一会儿之后，又一道彩虹出现了。

物理小链接

在生活中，我们平时看到的白光是由各种光线汇集而成的，即红、橙、黄、绿、青、蓝、紫，这七种光的折射能力有所不同，当白光被折射时，因这七种光的折射率不同而使七种光的传播方向有不同程度的偏折，所以看到了七种光，色散就是指白光被折射成七种色光。

撬动地球——人人都是大力士

>>>>>>>>>>>>

小白从科技馆参观回来之后，对爸爸说："爸爸，今天我在科技馆看到了一个吹牛的人。"

爸爸问："怎么回事？"

小白回答说："我在壁画上看到一个人，说能把地球撬起来，真是吹牛吹破了天。"

爸爸听了之后，没有直接回答小白的问题，而是让小白和他一起去玩跷跷板。

父子两个人坐到了跷跷板上面，瞬间，小白就被爸爸给撬起来了。

小白笑着说："爸爸，等我长大了，就能把你撬起来啦。"

爸爸说："其实，不必等长大了，你现在就能把我撬起来。"

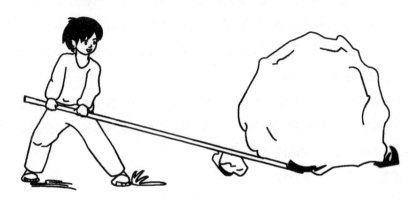

小白觉得很疑惑，就说："爸爸，怎么撬起来啊？"

爸爸往前移动了位置，瞬间就被小白撬起来了，小白问："爸爸，这是怎么回事呢？"

"这是利用杠杆原理，古希腊科学家阿基米德，也就是你说的在科技馆看到的那个人，有这样一句流传千古的名言，'假如给我一个支点，我就能把地球撬动！'这句话有着严格的科学根据，是正确的。"爸爸说。

小白这下来了兴趣，缠着让爸爸给他介绍关于杠杆的知识。

杠杆是指在力的作用下，可以围绕固定点转动的坚硬物体。杠杆原理最早是由阿基米德在《论平面图形的平衡》一书中提出来的。他首先把杠杆实际应用中的一些经验知识当作"不证自明的公理"，然后从这些公理出发，运用几何学通过严密的逻辑论证，得出了杠杆原理。

这些公理是：在没有重量的杆子两端，在距杆子的支点距离相等的地方挂上相等的重量，杆子会保持平衡；在没有重量的杆子两端，在杆子的支点相等距离的地方挂上不相等的重量，重的一端将会下倾；在没有重量的杆子两端，在杆子的支点不相等距离的地方挂上相等的重量，距离远的一端将会下倾。

正是从这些公理出发，在"重心"理论的基础上，阿基米德发现了杠杆原理，即"两个重物平衡时，它们离支点的距离与重量成反比"。

阿基米德对杠杆的研究不仅仅停留在理论方面，而且据此原理还进行了一系列的发明创造。据说，他曾经借助杠杆和滑轮组，使停放在沙滩上的桅船顺利下水。在保卫叙拉古免受罗马海军袭击的战斗中，阿基米德利用杠杆原理制造了远、近距离的投石器，利用它射出各种飞弹和巨石攻击敌人，曾把罗马人阻于叙拉古城外达3年之久。

爸爸继续说道："就像我们刚才一样，我距离支点的距离近了，而你距离支点的位置远了，你就把我撬起来了。如果能把地球放到这里，你在足够远的那头，同样也可以把地球撬起来。"

爸爸的话让小白兴奋极了。

物理小链接

生活中，我们常常能见到各种各样的秤，一个小小的秤砣居然可以压千斤，这就是根据杠杆原理。在支点的两端，因为东西距离支点比较近，而秤砣距离支点比较远，如果距离还要远些的话，"四两拨千斤"是完全可能的。

死灰复燃——火真的灭了吗

>>>>>>>>>>>>

小白郊游回来，刚刚放下书包，就向正在看报纸的爸爸发问："爸爸，死灰复燃是怎么回事？"

爸爸问："你为什么会这么问？"

小白回答说："今天班主任组织我们去野炊，在准备离开的时候，老师让我们检查火灭了没有，我回头看了看，告诉老师火已经灭了。老师说一定要确定火种熄灭了才行，不然会死灰复燃，引起森林火灾。到底什么是死灰复燃呢？"

爸爸放下报纸，说："你们老师的做法是正确的，郊游的时候一定要确保火种被熄灭才能离开，不然很容易引起死灰复燃的现象。"

"死灰"是指燃烧后剩下的灰，如燃烧过的草木灰、煤灰等，从表面上看没有火光，好像灭了，实际上并没有完全熄灭。

另外，空气中约有1/5体积的氧气，这些氧气有着重要的作用，物质发生

燃烧离不开氧气。那些燃烧后剩下的灰，表面上看熄灭了，但是只要有足够的氧气，依然能够发生燃烧。比如，在刮风的时候，空气流动会加快，氧气的供应比较充足，未燃尽的物体得到充足的氧气又继续燃烧起来，很容易引燃附近的可燃物，酿成火灾。

比如，生活中我们常见的生炉子现象，要想炉火烧得旺，也要学会用风。这个时候，用扇子扇，就是制造人工风。同时在炉子上方扣一个拔火筒，或者接上烟囱，则是利用热空气因密度小沿着固定的通道上升，造成炉内空气减少，新鲜空气加速从炉底里补充进来。这是利用空气对流引起的天然风。

生活中我们常见的蜂窝煤，中间有十几个洞，为什么会有十几个洞呢？为什么不做成实心的呢？原来，蜂窝煤里的十几个洞是空气流通的孔道。它使蜂窝煤有比较大的表面和氧气接触，燃烧才能完全。实心的煤球，里面的煤接触不到氧气，烧不透，燃烧不充分。

另外，家中常用的煤气灶，在煤气喷口处有空气孔，灶口的耐火土盖做成多槽形喷射口，这也是帮助煤气和氧气充分混合，才有熊熊烈火。氧气充足时，火才会烧得更旺一些。

除此之外，在工厂车间里，有的时候靠普通的空气来供氧不够用，就要改

用纯净的氧气，比如，快速炼钢采用纯氧吹炼；火箭和导弹用液氢作燃料的时候，往往用液氧助燃。在纯净的氧气里，刚刚熄灭的火烬会"死灰复燃"；红热的铁丝会剧烈燃烧，放射出耀眼的光芒。纯氧比相同体积的空气里的氧要多4倍，因此，在纯氧里的燃烧当然要炽烈得多。

小白高兴地说："今天我又学到新知识了。"

爸爸说："以后出去郊游的时候，一定要注意确保火种熄灭了才行，不然会有造成森林火灾的可能。"

 物理小链接

生活中，如果遇到做菜时油锅起火的情况，迅速盖上锅盖，明火会自然熄灭。原理就是将燃烧物与氧气隔绝，燃烧物一旦没有了氧气，就无法燃烧了。

抓住子弹——你也可以做"火云邪神"

小白和爸爸妈妈一起看周星驰主演的电影《功夫》，当电影屏幕中出现"火云邪神"用手抓住子弹的镜头的时候，小白禁不住发出了赞叹："哇！太酷了，我要是能抓住子弹该有多酷啊！"

妈妈笑着说："这是在拍电影，在现实中是不可能实现的事情。"

这个时候，爸爸笑了，说："小白，你想不想练成'火云邪神'能抓住子弹的功夫？"

小白迫不及待地说："当然想了。"

爸爸说："在现实中，确实有人能够抓住子弹。"

爸爸说的是一件发生在第一次世界大战期间的事情。根据报载，在第一次世界大战的时候，一名法国飞行员碰到了一件极不寻常的事情。这个飞行员在2000米高空飞行的时候，在目光所及的范围内，发现身边似乎有一个小玩意儿在游动。飞行员以为是一只小昆虫，就敏捷地把它一把抓了过来。一看，他顿时瞪大了眼睛，他发现他抓到的是一颗子弹。

小白说："那个飞行员是'火云邪神'的徒弟吗？"

爸爸笑着说："当然不是啦！他只是一个普通的飞行员，不会飞檐走壁，也没有超能力，他做的事情很多人都可以做到，没有什么不可能的事情。"

一个物体在空中飞行的时候，相对于周围的实物，这个物体是运动的，但如果当另外一个物体和它以同样的速度前行的时候，两个物体之间就呈相对静止的状态。子弹在空中飞行的速度非常快，但如果能有一个物体和子弹保持同样的速度，两个物体之间相对就保持静止。同样的，一颗子弹以每秒800米的速度飞行，如果飞机也以同样的速度飞行的话，两者就是相对静止的。

何况子弹在飞行的过程中，因为受到空气的阻力，飞行的速度会逐渐降低下来。因此，很可能碰到这种情形：飞机跟子弹的方向和速度相同。那么，这颗子弹对于飞行员来说，它就相当于静止不动的，或者只是以很慢的速度移动。那么，把它抓住自然就没有丝毫困难了。

　　爸爸继续说道："如果你能够跟子弹跑得一样快，并且是同方向前行的，当然能轻而易举地抓住子弹了。"

　　小白说："爸爸，我明白了，如果我们跑步的时候，跑得一样快，这样我也能轻而易举地抓到你了。"

　　爸爸微笑着点点头。

 物理小链接

　　当我们坐在汽车里去学校时，若以车身作为参照物，我们看到车上的同学相对车的位置不变，就可以说同学们和汽车相对静止。若选地面上的树木或建筑物为参照物，看到同学们相对建筑物的位置是不断变化的，故同学们对树木做相对运动。

自动沉浮——你也能做魔术师

　　小白陪爸爸妈妈一起去乡下看望爷爷奶奶。

　　这天，小白看到奶奶在腌鸡蛋，只见奶奶将一个鸡蛋拿起来，放到水里面，沉底的鸡蛋被小心翼翼地放进坛子里，飘起来的鸡蛋被放到另外一个盘子里。

接着，小白又看到奶奶往坛子里不断地加水、加盐，小白觉得很疑惑。

小白问奶奶："奶奶，你为什么把鸡蛋放在水中？"

奶奶说："这是在看鸡蛋是新鲜的还是变质的，新鲜的鸡蛋在水中会沉底，如果变了质的就会浮起来，我就是用这个办法来检查鸡蛋是不是新鲜的。"

小白继续问："为什么新鲜的会沉底，而变质的会浮起来呢？"

奶奶说："我也不知道什么道理，你问你爸爸吧。"

这个时候，爸爸走过来，说："新鲜的鸡蛋会沉底，这需要用浮力定律来解释，因为它的重量大于所排开的水的重量。变质的鸡蛋的重量会小于所排开水的重量，所以会飘上来。"

"那为什么奶奶要反复地加盐和水呢？"小白追问。

爸爸告诉了小白其中的原因。

腌鸡蛋的时候，新鲜的鸡蛋会在盐水里漂起来。同样的原理，这是由于盐水比清水的密度大。换句话说，体积相同的情况下，盐水比清水重。新鲜的鸡蛋放在盐水里，鸡蛋的重量小于它所排开的盐水的重量，于是就浮上来了，直到鸡蛋所受的浮力和自身的重力相等的时候，鸡蛋就不再上浮。这时候，鸡蛋有一部分露在水面上。

明白了浮力和重力的道理之后，就要仔细地配盐水的浓度，尽量让鸡蛋悬浮在盐水中。如果鸡蛋浮在盐水的表面，就要加一些清水；如果鸡蛋沉底了，就要加一些浓盐水。

小白走进屋里，故作神秘地对妈妈说："妈妈，我给你变个魔术，保证会让你大吃一惊。"

妈妈问："什么魔术啊？是不是刘谦那样的魔术？"

小白自信地说："比刘谦的还要神秘。"

说完，小白拿出一个杯子和鸡蛋，又拿出一些盐。在杯子里灌满水后，将

鸡蛋放进去，这个时候鸡蛋沉下去了。

　　小白说："妈妈，我能让鸡蛋瞬间浮上来。"说完，他捋起袖子，学着刘谦的模样，说："接下来，就是见证奇迹的时刻。"

　　果然，往杯子里加了一些盐之后，鸡蛋就浮起来了。

　　妈妈赶忙鼓掌，表扬小白说："你真厉害，好好学习，以后就可以当魔术师了。"

　　小白自豪地说："当然了！"

　　妈妈又问："你能告诉我为什么加了盐之后，鸡蛋会浮起来吗？"

　　小白将爸爸刚刚告诉他的知识又重述了一遍。

物理小链接

潜艇之所以能够自由浮沉，就是利用了阿基米德定律，即浸入液体中的物体受到的浮力，其大小等于该物质排开液体的重量。只有当潜水艇自身的重量和被它排开的海水重量相等时，也就是和它同体积的海水重量相等的时候，它才能潜在水中不沉也不浮。为了使潜艇沉到水里，士兵们把适量的海水灌到潜艇的内部，需要上浮的时候，则用压缩空气把海水排出去。

先来后到——热水竟然先结冰

爸爸问小白："给你两杯相同的牛奶，一杯热牛奶，一杯常温牛奶，如果将这两杯牛奶同时放入冰箱冷冻，谁会先结冰？"

小白不假思索地回答："肯定是常温牛奶喽，热牛奶还需要变凉，然后才能变成冰。"

爸爸说："不一定哦！"

说完，他们做了一个实验。将两杯温度不同的牛奶同时放入了冰箱，果然，实验的结果是热牛奶先结冰。

小白顿时难以置信，迫不及待地让爸爸赶快给他做出解释。

这就是物理学中的姆佩巴效应。1963年的一天，在地处非洲热带的坦桑尼亚的一所中学里，一群学生想做一点冰冻食品。一个名叫埃拉斯托·姆佩巴的学生在热牛奶里加了糖后，准备放进冰箱里做冰淇淋。他想，如果等热牛奶凉后放入冰箱，那么别的同学将会把冰箱占满，于是就将热牛奶放进了冰箱。过了不久，他打开冰箱一看，令人惊奇的是，自己的那杯热牛奶已经变成了一杯可口的冰淇淋，而其他同学用冷水做的冰淇淋还没有结冰。

这种现象到现在还没有哪一位科学家能够给出确切的解释，不过最有权威、最有说服力的是这种说法：引起热水比冷水先结冰的原因主要是传导、汽化、对流三者相互作用的综合效果。

盛有初温4℃冷水的杯，结冰要很长时间，因为水和玻璃都是热传导不良的材料，液体内部的热量很难依靠传导而有效地传递到表面。杯子里的水由于温度下降，体积膨胀，密度变小，就集结在表面，所以水在表面处最先结冰。其次是冰向底部和四周延伸，进而形成了一个密闭的"冰壳"。这时，内层的水与外界的空气隔绝，只能依靠传导和辐射来散热，所以冷却的速率很小，阻止或延缓了内层水温继续下降的正常进行。另外，由于水结冰时体积要膨胀，

已经形成的"冰壳"也对进一步结冰起着某种约束或抑制作用。

盛有初温100℃热水的杯，冷冻的时间相对来说要少得多，看到的现象是表面的冰层总不能连成冰盖，看不到"冰壳"形成的现象，只是沿冰水的界面向液体内生长出针状的冰晶（在初温低于12℃时，看不到这种现象）。随着时间的流逝，冰晶由细变粗，这是因为初温高的热水，上层水冷却后密度变大向下流动，形成了液体内部的对流，使水分子围绕着各自的"结晶中心"结成冰。

初温越高，这种对流越剧烈，能量的损耗也越大，正是这种对流，使上层的水不易结成冰盖。

由于热传递和相变潜热，在单位时间内的内能损耗较大，冷却速率也较大。当水面温度降到0℃以下并有足够的低温时，水面就开始出现冰晶。初温较高的水，生长冰晶的速度较快，这是由于冰盖未形成和对流剧烈的缘故，最后可以观察到冰盖还是形成了，冷却速率变小了一些，但由于水内部冰晶已经生长而且粗大，具有较大的表面能，冰晶的生长速率与单位表面能成正比，所以生长速度仍然要比初温低的水快得多。

小白听了之后，说："这真是太奇妙了。"

爸爸鼓励他，说："好好学习科学知识，很多现象以后还要靠你们去给予科学的解释呢。"

物理小链接

大自然中有很多奇怪的现象，而这些现象并没有让人很信服的科学解释。科学是严谨的，也是不断发展的，还有很多未知的领域等着人们去开发，去探索。

第2章　走进热学的世界

　　人类生存在季节交替、气候变幻的自然界中，冷热现象是我们最早观察和认识的自然现象之一。

　　你知道刚出锅的鸡蛋为什么不烫手吗？

　　你知道为什么开水不响、响水不开吗？

　　你相信世界上有大摇大摆偷东西的"贼"吗？

　　你知道……

　　今天就带你走进热学的世界，让你知道与人类生活密切相关的"热"是什么。

破镜重圆——切不断的冰

很冷的冬天，爸爸带小白到公园去滑冰。小白玩得非常高兴，不断地大喊大叫。在休息的时候，爸爸问小白："你知道你为什么能滑冰吗？"

小白说："我有冰鞋啊。"

爸爸又继续问："那你知道冰鞋为什么只能在冰上滑，不能到水泥地上滑吗？"

小白摇摇头。

冬天的时候，如果将一块冰从中间折断，然后再将折断的冰按照折断的缝隙紧紧放在一起，两块断冰很快又重合在一起，俨然没有折断过一样。

两块冰在压力的作用下能重新冻在一起，是由于冰块上那些比较突出的部分受到挤压，融化成低于零摄氏度的水，这水流到两块冰之间的缝隙里，不再受压马上又凝结起来，把两块冰冻成一个整体。

是不是觉得很奇怪？

这个奇怪的现象是这样产生的：在手的压力下，冰块缺口的部分融化了，融成的水不再受压了，马上又结成了冰。

穿着冰刀滑冰也是这个原理。

在寒冷的冬天，我们穿着溜冰鞋站在冰上的时候，用鞋底下装着的冰刀的刃口接触着冰面，我们的身体所有的重量都压在很小很小的冰刀刀刃上。这个时候，溜冰的人对于冰面所加的压强是非常大的。在这种极大的压强的作用

下，哪怕是温度再低，冰也能够融化。这个时候，在冰刀的刃口和冰面之间产生了一薄层的水，使摩擦力变得很小，于是，溜冰的人可以借助着瞬间融化的水自由溜冰了。

听到了爸爸的解释之后，小白说："今天我又学到新知识了。"

在现有各种物体当中，还只有冰具有这种性质，因此一位物理学家把冰称作"自然界唯一滑的物体"。

用这种方法可以解释日常生活中遇到的许多现象：在结冰的马路上撒沙子，车轮压在沙子上，由于接触面积小、压强大，沙子下面的冰马上融化，沙粒嵌入冰内冻结住，增大了车轮和冰面的摩擦。

物理小链接

　　我们在滚雪球的时候，雪球会越滚越大，很多人认为这是雪之间的引力造成的，其实是不对的。滚在雪上的雪球因为它本身的重量使它下面的雪暂时融化。接着又冻结起来，粘上了更多的雪。

刚出锅的鸡蛋不烫手

准备吃早饭了，小白看到妈妈从锅里将鸡蛋捞出来，用手拿着放到了盘子上。小白迫不及待地抓过一只鸡蛋，结果鸡蛋刚刚抓到手里，一阵灼热感让他立刻将鸡蛋扔到了桌子上。

"哇！好烫！"

妈妈赶紧问小白："烫伤了吗？"

小白摇摇头。

"刚从开水里取出的熟鸡蛋，你用手去拿，为什么不觉得烫手呢？"小白好奇地问。

"因为妈妈是铁掌帮的弟子，会铁砂掌，所以不怕烫。"爸爸在一旁开玩笑地说。

妈妈笑着解释："别听你爸爸瞎说，这是因为刚从开水里拿出来的鸡蛋表面还沾着水，水分的蒸发使蛋壳温度降低，因此，我的手并不感到很烫。不过，这只是很短的一会儿，等到鸡蛋表面的水分完全蒸发以后，鸡蛋就会烫手了。"

蒸发是一种自然界常见的现象，是水由液态转变成气态，进入大气中的过程。一般而言，温度越高，湿度越小，风速越大，气压越低，则蒸发量就越大；反之蒸发量就越小。

刚刚出锅的鸡蛋，表面有大量的水分，这个时候皮肤接触到鸡蛋，鸡蛋表面的水分会因为蒸发而吸热，所以温度不会过高，在人的承受范围之内。然而，当鸡蛋表面的水分被蒸发掉之后，鸡蛋的表面温度会骤然上升。

蒸发是降低温度的最好办法。

在日常生活中，当室内温度比人体的温度高的时候，人体向外散热就是依靠蒸发的办法。在这个过程中，人体每天排出1升以上的液体，包括呼吸、汗液以及小便等方式，这个过程中带走的热量大约是580千卡（2424.4千焦）。不要小看这个热量，这个热量可以使58千克的水温度上升10℃。

由于蒸发的作用，人体对周围温度的感受和空气的湿度关系很大。冬天虽然屋子里的温度是25℃，但是如果脱了衣服仍然感到很冷。这是由于冬天屋里的空气十分干燥，身上的汗水蒸发得快，蒸发过程吸走了身体的热量，所以会感觉到冷。夏天的时候，空气潮湿，蒸发过程缓慢，所以同样是25℃就不会觉得冷。

物理小链接

液体在蒸发的时候吸收周围的空气或物体的热量的过程叫蒸发吸热。

夏天，为了降低身体的温度，有的人喜欢在皮肤上擦水，这个过程中，水会蒸发，蒸发需要吸热，这时就会吸收周围皮肤的热量，从而降低身体的温度，让人感觉到舒适和凉爽。

大摇大摆偷铁轨的"贼"

在俄罗斯有一条逾百年的铁路，叫十月铁路，十月铁路总长是640千米，连接起俄罗斯两个重要的政治、文化、经济中心莫斯科和彼得格勒。然而，这样一条重要的铁路，每年都会发生盗窃案。

每年冬天的时候，会有一个神秘的盗贼在无声无息之间盗取一段约300米左右的铁轨，但奇怪的是，来年天气变暖的时候，这个盗贼还会在无声无息之间将这段铁轨还回去，每年都会这样，然而却从来没有人发现过他，也从来没有人对此感到奇怪，这是为什么呢？

原来这个神秘的盗贼就是俄罗斯的天气。

因此，当有人回答说：十月铁轨是640千米长时，这种说法并不完全准确，比较准确的答案应该是平均长度是640千米，夏天比冬天要长出300米。

这都是因为热胀冷缩的自然现象导致的。

热胀冷缩是物体的一种基本性质，物体在一般状态下，受热以后会膨胀，在冷却的状态下会缩小。所有物体都具有这种性质。

随着温度的升高或下降，构成物体的分子将随着变化。温度上升，也就是热时分子运动剧烈，它们的间距大，物体体积变大；温度下降，也就是冷时，分子运动平缓，它们的间距小，物体体积也随之变小。

对于铁轨而言，同样具有热胀冷缩的性质。在夏天，气温升高的时候，铁轨受热会膨胀，据科学家实验得知，温度每增高1℃，铁轨平均就会伸长原来长度的十万分之一。在炎热的夏天，铁轨的温度可能会达到30℃~40℃，高时有可能达到50℃以上，有时候太阳把铁轨晒得摸起来烫人，这个时候，铁轨受热就会迅速膨胀。

但是在冬天，铁轨会冷却到零下25℃或者更低。铁轨的温差在冬季和夏季会达到60℃之多，把铁路全长640千米乘上0.00001再乘以60，就知道这条铁路大约要伸长1/3千米！这样看来，莫斯科和彼得格勒之间的铁路在夏天要比冬天长出1/3千米，也就是说，大约长出300米了。

当然，两个城市之间的距离没有任何变化，只是铁轨的总长度有所变化。

这条铁路的妙处就在于设计铁路的工程师早就考虑到了这个问题，在铁轨之间没有进行密接，在每两根铁轨相接的地方，留出了一定大小的间隙，以便铁轨受热的时候会有膨胀的余地。

自然界的万事万物都有热胀冷缩的特点，当气温升高的时候，体积会因为分子剧烈运动而变大；当气温降低的时候，体积会因为分子运动减慢而缩小，这就是热胀冷缩的原理。

物理小链接

在生活中，经常会遇到一些瓶瓶罐罐的东西，这些东西的盖子有时候会比较难开。这个时候，如果能借助热胀冷缩这个原理就会变得非常容易了。比如，你想打开玻璃罐头，只要将罐头头朝下放到温水里，稍微停顿一下，就可以轻松地打开了。

这就是利用热胀冷缩的原理，当瓶盖受热的时候，会膨胀，与玻璃瓶间的缝隙会变大，这样就可以轻松地打开瓶盖了。

寒冷的冬天谁给你温暖

天气冷了，妈妈给小白准备了一件厚厚的棉袄，小白穿上之后，感觉不那么冷了。

小白说："棉袄真好，给我带来了温暖。"

妈妈笑着说："不是棉袄给你带来的温暖，而是你给棉袄带来了温暖。"

小白非常不理解地问："你肯定是开玩笑，我怎么可能给棉袄带来温暖呢？"

妈妈说："那我们做一个试验，就知道我是不是开玩笑了。"

说完，妈妈将一支温度计放在了另外一件相同质量的棉袄里，温度计上显示的室温是12℃，半个小时之后，把它拿出来。小白惊奇地发现，温度计上的温度一点也没有增加：原来是多少，现在还是多少。

妈妈说："这就是棉袄不会给人温暖的一个证明。而且，我还可以证明棉袄能保温。"说完，她拿出两盆冰块，一盆冰裹在棉袄里，另外一盆冰放在桌子上。

一个小时之后，等到桌子上的冰渐渐融化完之后，打开棉袄一看：那盆冰几乎还没有开始融化。

妈妈说："这不正能说明棉袄不但不会把冰加热，反而还会让它继续保持冰的温度吗？"

小白说："那为什么我穿上棉袄之后，会感觉到暖和呢？"

的确如此，棉袄确实不会给人温暖，不会把热传送给穿棉袄的人。生活中，日光灯会给人温暖，生火的炉子会给人温暖，人体会给人温暖，因为这些东西都是热源。但是棉袄却一点也不会给人温暖。棉袄不会把自己的热交给别人，之所以穿上棉袄会感觉到暖和，是因为棉袄有保温的作用。

棉袄会阻止我们身体的热量跑到外面去。人类的身体是一个热源，穿上棉袄会感到温暖，正是因为这个缘故。

至于温度计，将它放到棉袄里，由于它本身并不产生热，因此，即使把它裹在棉袄里，它的温度也仍旧不变。冰呢，裹在棉袄里会更长久地保持它原来的低温，不被融化，因为棉袄是一种不良导热体，是它阻止了房间里比较暖的空气热量传到冰里面去。

从这个意义来讲，寒冷的冬天会下雪，落到地面上之后，也会跟棉袄一样保持大地的温暖；雪花和棉袄具有同样的性质，是不良导热体，因此，它阻止了热量从它所覆盖的地面上散发出去。

中国的农村很早就流传着这样一句谚语："冬天麦盖三层被，来年枕着馒

头睡"，就是说冬天"棉被"盖得越厚，对冬小麦是非常有利的，有很好的防寒作用，春天麦子就长得越好。

用温度计测量有雪覆盖的土壤温度，人们知道它常常要比没有雪覆盖的土壤温度高出10℃左右。雪的这种保温作用，是农民最熟悉的。

所以，对于"棉袄会给我们温暖吗"这个问题，正确的答案应该是，棉袄只会帮助我们自己保暖，阻止热量散失。

 物理小链接

我们经常能听到或者见到过睡雪窝的人。在我们的感觉中，这样做可能会很冷，但其实并不是这样的。

雪本身给人的感觉是很凉，但雪的内部却十分暖和。睡在雪窝里，甚至和睡在家里的感觉是一样的。

响水不开，开水不响

水是一种宝贵的资源，是我们生活中不可缺少的东西，也是我们生命的源泉。但你可知道，水里面还有很多科学道理呢。

一天，妈妈叫小白帮她烧一壶水，于是，小白就拿了一个空水壶，到自来水龙头下装满一壶清水，放在煤气灶上烧。

大约烧了4分钟以后，水壶里发出"吱吱吱"的响声，响声越来越大。

小白对妈妈说："妈妈，水已经开了。"

但妈妈却说："水还没有开。"

小白感到疑惑，就打盖子看，果然水没有开。

小白非常奇怪，妈妈说："响水不开，开水不响。"

我们知道，往水壶里倒水的时候，水壶的四壁都有空气，同时由于水中溶有少量空气，这些小气泡就起到了气化核的作用。另外，水对空气的溶解度及水壶壁对空气的吸附量会随温度的升高而减少，当水被加热时，溶解在水中的空气与水壶壁的空气会随着温度的升高首先在受热面的器壁上生成气泡。

气泡生成之后，由于水继续被加热，温度继续升高，在受热面附近形成过热水层，它将不断地向小气泡内蒸发水蒸气，使泡内的压强不断增大，压强不断增大，气泡的体积就会不断膨胀，气泡所受的浮力也随之增大。当气泡所受的浮力大于气泡与壁间的附着力时，气泡便离开器壁开始上浮。

另外，由于水壶里水层的温度不同，受热面附近水层的温度较高，远离受热面的水层温度较低。气泡在上升过程中不仅泡内空气压强随水温的降低而降

低，泡内有一部分水蒸气凝结成饱和蒸汽，压强同样在减小，而外界压强基本不变，此时，泡外压强大于泡内压强，于是，上浮的气泡在上升过程中体积将缩小，当水温接近沸点时，有大量的气泡涌现，接连不断地上升，并迅速地由大变小，使水剧烈地振荡，产生"吱吱吱"的响声，这就是"响水不开"的道理。

水温继续升高，由于对流和气泡不断地将热能带至中、上层，使整个容器的水温趋于一致，此时，气泡脱离容器壁上浮，其内部的饱和水蒸气将不会凝结，饱和蒸汽压强趋于一个稳定值。气泡在上浮过程中，液体对气泡的静压强随着水的深度变小而减小，因此，气泡壁所受的外压强与其内压强相比也在逐渐减小，分界面上的温度平衡遭到破坏，气泡迅速膨胀，加速上浮，直至水面释放出蒸汽和空气，水就开始沸腾了。也就是人们常说的"水开了"，由于此时气泡上升至水面破裂，对水的振荡减弱，几乎听不到"吱吱吱"的响声，这就是"开水不响"的原因。

简单地说，烧开水的原理就是水温在升高的过程中，将水壶壁上和溶解在水内的空气排出的一个过程。

果然，过了一会儿，响声没有了，但水壶到处都冒出水蒸气。妈妈便打开盖，看见水正在沸腾。水这会儿真的烧开了，妈妈便关掉了煤气。

物理小链接

生活中，不能用凉开水去养鱼，而需要用自然界的河水、湖水和海水，因为这些水里都有空气，鱼是靠鳃吸入水里面的氧气生活的。可是凉开水就不行了，水在烧开的时候，水里的氧气受热后就跑掉了，用凉开水养鱼，鱼吸不到氧气就会死去。

保温瓶为什么能保温呢

家庭生活中常用的保温瓶可以很好地保持热水的温度，为人们的居家生活提供了很大的便利，其原理是什么呢？

热的传递方式主要有三种，分别为热辐射、热对流、热传导。

热辐射是指物体因自身的温度直接向外发射能量的方式。比如，人在太阳光的照射下，会感到身上热乎乎的，这是因为太阳向人身上发出了能量。如果想要防止热辐射，最好的办法就是把辐射出来的热量挡回去。

热对流是指热量通过流动介质，由空间的一处传播到另一处的现象。比如，倒一杯开水放在桌子上，由于杯子里的水和周围空气的流动，使得水温逐渐变得和周围环境的温度一样了，这是热对流。防止热对流最好的方式是挡住对流的道路，比如，在杯子上加个盖，就能有效地减缓对流的速度。

热传导是指热量从系统的一部分传到另一部分或由一个系统传到另一系统的现象。热传导是固体中热传递的主要方式。在气体或液体中，热传导过程往往和对流同时发生。

大自然中，各种物质的热传导性能不同，一般金属都是热的良导体，玻璃、木材、棉毛制品、羽毛、毛皮以及液体和气体都是热的不良导体，石棉的热传导性能极差，常作为绝热材料。

保温瓶就是针对上面的三个问题而制成的。

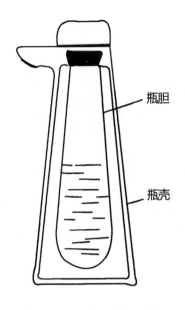

瓶胆

瓶壳

仔细观察保温瓶的结构特点，会发现保温瓶的瓶口做得比较小，瓶胆由双层玻璃构成，另外，瓶胆内部被均匀地镀了一层银。瓶胆的瓶口做得较小，瓶口加盖软木塞子，这样可以减少蒸发，防止液面上气体的流动，以减少热量的散失。

瓶胆由双层玻璃构成，玻璃和软木塞都是热的不良导体，可有效地防止热传导的发生。

另外，如何防止热辐射呢？

上文中已经提到，瓶胆内部镀了一层均匀的银，镀银的光亮表面能将到达表面的热反射回去，这样就防止了因为热辐射而损失的热量。可见保温瓶能够保温，是因为瓶胆在结构上的三大特点，基本防止了热散失的三种方式：对流、传导和辐射。

热水瓶的功能是保持瓶内热水的温度，断绝瓶内与瓶外的热交换，使瓶内的"热"出不去，瓶外的"冷"进不来。

物理小链接

热水瓶断绝瓶内与瓶外的热交换，使瓶内的"热"出不去，瓶外的"冷"进不来。

如果在热水瓶里放上冷的东西，比如冰棍儿，同样也能起到保冷作用，成为保冷瓶。这是因为外面的"热"同样不容易跑到瓶子里，冰棍儿也不容易化。

所以，保温瓶，既是保温瓶，又是保冷瓶。

茶杯也害怕烫

小白从外面玩滑板回来，感到非常渴，拿出一个大杯子，就从保温瓶里倒出水来，结果只听'噗'的一声，杯子碎了，热水流了一桌子。妈妈赶紧走过来，问小白烫到手没有，小白摇摇头，不知道怎么回事。

待妈妈清理完之后，小白问："妈妈，我刚刚没有碰到杯子，它也没有掉在地上，为什么会碎了呢？"

妈妈说："杯子被烫碎了。"

小白觉得不可思议："杯子也会害怕烫吗？"

在妈妈的解释下，小白知道了杯子怕烫的原因。

在倒开水的时候，杯子之所以会破裂，是因为杯子的各部分没有能够同时

膨胀。开水倒到杯子里，因为温度比较高，先接触到热水的杯子部分迅速膨胀，同时杯子受热不均匀，有的地方还保持不变。另外热水没有能够同时把茶杯烫热。它首先烫热了杯子的内壁，但是这时候，外壁却还没有来得及给烫热。内壁烫热以后，立刻就膨胀起来，但是外壁还暂时不变，因此受到了从内部来的强烈挤压。这样外壁就给挤破了，玻璃就破裂了。

小白想了想，说："那我们以后就专门买厚的杯子，这样就不会被烫坏了吧？"

妈妈笑着说："你的想法是不正确的，相反的，厚的杯子要比薄的更容易烫裂。很明显，烫碎的原因是突然受热，迅速膨胀导致的。较薄的杯子的杯壁很快就会烫透，因此，这种杯子内外层的温度很快会相等，也就会同时膨胀。但是厚壁的杯子呢，那层厚的杯壁要烫透是比较慢的。里面突然膨胀，杯壁由于比较厚，外面很难烫透，结果更容易因为内层的膨胀而破碎。"

一些家庭在选用杯子的时候，尽量选择杯壁薄的杯子，同时不但杯壁要薄，杯底也要薄。因为在倒开水的时候，最先受热的是杯底，烫得最热的也是杯底，假如底太厚的话，那么，不论杯壁多么薄，杯子还是要破裂的。有厚厚的圆底脚的玻璃杯和瓷器，也是很容易烫裂的。

另外，玻璃杯不只在受到很快加热之后会破裂，在很快冷却的时候，也有同样的情形发生，原理是一样的。如果突然遇冷，杯子各部分冷缩的时候所受的压力并不平均。杯子的外层受冷收缩，强烈地压向内层，而内层却还没有来得及冷却和收缩，这样的话，杯子同样容易破碎。比如，装有滚烫果酱的玻璃杯，绝不可以立刻放到冷水里面去。

当然，家庭中最理想的杯子应该是在加热的时候完全不膨胀的那一种。石英材料的杯子就是膨胀得非常少的那一种，经过研究发现，它的膨胀程度尚不及玻璃的十五分之一。用透明的石英做成的玻璃器皿，不管厚薄，可以随意使用，甚至加热也不会破裂。

物理小链接

有经验的人，当把热水倒到茶杯里去的时候，总会把一柄茶匙放在杯子里，就是为了防止杯子被烫碎。

杯子的内外壁，只有当开水一下子很快地倒进去的时候，受热程度才会有很大差别；温水却不会使杯子各部分受热有很大差别，因此也不会产生强大的应力，杯子也就不会破裂。假如杯子里放着一柄茶匙，当开水倒进杯底的时候，在还没有来得及烫热杯子之前，会把一部分的热分给了良导体的金属茶匙，因此，开水的温度就降低了，它从沸腾着的开水变成了热水，对玻璃杯就没有什么伤害了。至于继续倒进去开水，对于杯子已经不那么可怕了，因为杯子已经略微烫热了。

总而言之，杯子里的金属茶匙，特别是这柄茶匙如果非常大，是会缓和杯子受热的不均匀，因而可防止杯子破裂。

如何抉择——在冰上还是在冰下

爸爸从冰箱里拿出一块冰，准备给家人做冰镇鸭梨吃。这时候，小白手中端着一杯热牛奶，说："我也给牛奶降降温，喝起来更舒服。"说完，把牛奶放到了冰上面。

爸爸看到了，说："你把杯子放错位置了，应该放到冰的下面去。"

小白顿时感到不理解。

小白不理解是很正常的。因为根据生活中的经验，当我们烧水的时候，都是把装水的热水壶放在火的上面，而不会放到火的下面或者火的旁边。这样做是完全正确的，因为让火焰烧热了的空气比较轻，从四周向上升起，绕着水壶的四周升上去。

因此，把水壶放在火上，我们是最有效地利用了火焰的热量。

但是，假如我们想用冰来冷却一个物体的时候，烧热水的经验就不适用了。

可能许多人根据日常养成的习惯，会把要冷却的物体也放到冰的上面。像小白一样，他把装有热牛奶的杯子放在冰上面，认为借助冰的冷气会将热牛奶降温，这样做其实是不适当的。

烧热水的时候，热气会从水壶的四周升起，但是冰周围的空气受到冷却后，就会往下沉，四周的暖空气就来占据冷空气原来的位置。

这样你可以得到一个非常有悖于常规思维的结论：想冷却一些饮料或者食物，千万不要把它放在冰块的上面，而是要把它放在冰块的底下。

再拓展一下，假如把装水的水壶放在冰块的上面，那么受到冷却的只有那水壶的底部，也只有很少的水会降温，其他部分的四周仍旧没有冷却的空气。相反的，假如把盛满水的水壶放在冰块的下面，那么水壶里的水冷却就会快得多，因为水的上层冷却以后，就会降到下面去，底下温度较高的水就会升上来，类似于前面论述的烧开水的原理，这样一直到整壶水全部冷却为止。从另一方面说，冰块四周冷却了的空气也要向下沉，从而会更大面积地接触锅里的水。

听了这些之后，小白将热牛奶从冰块上拿下来，放到了冰块的下面，果然，牛奶一会儿就变凉了。

物理小链接

生活中，冰块的作用非常大，可以退烧，方法是将冰块用塑料袋装好，用干毛巾包裹放在头、颈、腋下、胸部等处，能较快地使体温下降，起到退烧的作用；可以治烫伤，轻微的烫伤用洁净的冰块直接敷在烫伤处，不仅可以止痛，还能减少水泡发生；治疗中暑，夏季中暑，可立即在头、胸部敷上冰块降温；治皮炎，夏季如果身上长痱子或出了小红疹，可用冰水擦洗患处，既止痒，又能使痱疹早日消退；可以止痛，手指尖扎进小刺要用针头挑出时，可将手指尖按在冰块上冻至发麻，挑刺时就不痛了。

神奇的超能力——来自你身体的神秘力量

>>>>>>>>>>

　　小白和爸爸妈妈在看一期关于超能力的节目，说一位母亲以人类不可能实现的速度，从很远处冲过去接住了从五楼阳台上摔下来的女儿。看到这里的时候，小白自言自语地说道："如果我也有这种超能力，该有多好啊！"

　　爸爸问："你想看看自己的超能力吗？"

　　小白说："我有超能力吗？"

　　只见爸爸把一张薄纸剪成了长方形，剪好之后，按照这张纸的横竖两条中线各对折一次，再把纸展开。毫无疑问，两条折痕的交点就是这张长方形纸片的重心。

　　然后，爸爸从家里找出一根针，将针竖起来，把针的位置固定好之后，将这张薄薄的纸片放到了针尖上面，使针尖恰好顶着这一点。

　　根据常识，这张纸片会在针尖上保持平衡，不会掉下来，因为针是顶在它的重心上的。如果轻轻地吹一下，这张纸片就会很快地旋转起来，但不可以用力吹，不然会把它从针尖上吹下来的。

　　当然，到了这里，这个小玩意还看不出什么神秘的现象。

　　然后，只见小白的爸爸把手放到这张纸片旁边，将手轻轻地移过去，奇怪的现象发生了：纸片旋转起来，起初还很慢，渐渐地就快起来了。

小白顿时瞪大了眼睛，然后爸爸把手悄悄地拿开，纸片立刻就又停止了旋转，安安静静地贴在针尖上，可是把手慢慢靠近的时候，纸片又旋转起来了。

小白说："爸爸，你真的有超能力吗？"

其实，在20世纪70年代的时候，当时的很多报纸都陆续报道人类身体内存在着超能力的现象，而能够拿出来作为广泛证据的，就是这个试验，在当时居然有很多人相信。

尤其是一些信奉宗教的人们，更加认为这个实验恰好证实了"人体能够发出神秘力量"的证据，只是在当时这还是个模糊的说法，谁也不能给予肯定。

后来经过一些科学家的研究发现，实际上这件事情的原因非常自然而且简单：由于人体的温度将热量传给了纸下面的空气，下面的空气就向上升起，空气碰到纸片，纸片就旋转起来，就像放在灯上的纸条卷会转动一样，因为纸片曾经折过，就出现了略微的倾斜。

知道了现象产生的原理之后，小白也禁不住试起来，果然小纸片也转动

了，只是转的速度相比爸爸做的而言要慢了很多。

当然，做这个实验的时候，纸片总是按照一个方向旋转，它总是从手腕那边向手指那边转过去。这一点，解释起来也很容易。人手各部分的温度是不同的，手指端上的温度总比掌心低。因此，接近掌心的地方，就会造成比较强的上升气流，它对纸片所加的外力也比手指那边大。

物理小链接

因为受到人体热量的影响，所以高热病人或者体温比较高的人做这个实验，纸片的转动速度会更快。

第3章 奇妙的力学现象

　　力学是与人类关系非常密切的一门学科，你时时刻刻都在受到力的影响。

　　你知道苹果为什么不往天上去吗？

　　你知道七彩泡沫为什么先升后降吗？

　　你知道足球为什么能拐弯吗？

　　你知道……

　　今天，本章将带你走进奇妙的力学世界，让你了解到很多不可思议的现象。

地球引力——苹果为什么不往天上去

假如有一天一个苹果落到你的头上，你会是什么反应？

也许你能成为牛顿，也许你只感觉到头被砸得很疼。

其实，在苹果掉在牛顿头上之前，牛顿就一直认为大自然中有一种神秘的力存在，是这种无形的力拉着太阳系中的行星围绕太阳旋转。但是，他一直无法验证这是一种怎样的力。

传说1665年的深秋，牛顿坐在自家院中的苹果树下苦思着行星绕日运动的原因。这时，一只苹果恰巧落下来，它落在牛顿的头上，这是一个发现的瞬间，这次苹果下落与以往无数次苹果下落不同，因为它引起了牛顿的注意。牛顿从苹果落地这一理所当然的现象中找到了苹果下落的原因——地球引力的作用，这种来自地球的无形的力拉着苹果下落，正像地球拉着月球，使月球围绕地球运动一样。

地球为什么会有引力呢？为什么能够吸引着周围的物体呢？

解释这一切，还需要从地球的磁场说起。

地球的磁场主要是南北两极磁场，来自地球内部。地球磁场的起因有很多学说，其中最有说服力的，也是最合理的解释为发电机说。这种学说认为，地球的外核心中融化的铁、镍合金可以流动，由此流动而生电流；由于电流的产

生，维持物质继续流动，如此循环，周而不息，维持地球磁场的存在。

对于地球而言，由于地球自转的因素，两极引力强，赤道引力最弱，这也是为什么卫星发射中心的纬度都很低的原因，也就是考虑到低纬度的地球引力要更小一些。

同时，我们可以得出一个定理，就是地球引力是连续变化的。两极引力大，赤道引力小，引力最大的地方在哪里呢？在地球引力除去自转离心力作用最大的地方，就是两极的金属矿上。北极是冰雪覆盖的一片大海，地表没有矿藏，所以这个引力最大的位置就是南极查尔斯王子山脉南部的鲁克尔山北部的特大磁铁矿上。

至于地球上哪里引力最弱，从上面推导可以看出，那就是赤道海洋表面。

不仅是地球，万事万物同样都存在着引力。

月亮和地球的距离很近，约等于三十个地球的直径，尽管月球的质量不算太大，但对于地球而言，同样具有吸引力。

由于月球引力的作用，且月球围绕地球旋转，就形成了地球上海洋潮汐现象。

物理小链接

卫星发射基地之所以较多地选择在低纬度地区，就是因为低纬度地区地球引力小，在发射的时候，能够获得较大的初速度，更容易获得成功。

让鸡蛋稳稳地落入杯中

小白刚刚看完杂技表演回来，就迫不及待地对爸爸说："爸爸，杂技太刺激了，那些杂技演员太厉害了，我从来没有见过那么厉害的表演。"

爸爸问："都是什么样的表演啊？"

小白说："杂技演员把桌上的台布一下子抽掉，然而台布上放着的瓶子、玻璃杯等很多的东西，都原封不动地停在原处，并没有随台布掉到地上去。哇，真是太刺激了！"

爸爸笑着说："这一手看起来很厉害，是一个绝活，其实要做到这点并不难，只要有熟练的技巧就行。"

小白说："难道你也可以做吗？"

爸爸说："那需要反复地练习，不过我能做一个简单的、类似的杂技。"

爸爸从茶具上拿下来一个玻璃杯，倒上半杯水，又从书房拿出一张硬纸片、一只做针线活的顶针，紧接着又从厨房的橱柜里拿出一个熟鸡蛋。

同学们，看书的同时你也可以来做类似的一个小实验。先把倒上水的玻璃杯平放到桌子上，用硬纸片盖住水杯，硬纸片上面放顶针，最后再把鸡蛋竖在顶针上。

摆好之后，认真地想一想，如果把硬纸片抽掉，鸡蛋会不会掉在桌子上呢？

可能你觉得会，但是我告诉你，不会。

你只要用手指迅速地在硬纸片边上一弹，或者用很快的速度抽掉硬纸片，这件事就完成了。纸片飞出去之后，鸡蛋和顶针一块儿掉到水里，水减弱了鸡蛋下落的冲击力，使蛋壳避免了破碎。

为什么鸡蛋恰好掉在杯子里面呢？

这是由于鸡蛋有惯性，鸡蛋原来是静止不动的，如果没有外力推动它，鸡蛋就会保持静止不动。纸片被弹走的时间非常短暂，对鸡蛋的作用力也比较小，鸡蛋还未来得及获得较大的速度，纸片已经滑出去了，失去支撑的鸡蛋就垂直地落入了杯中。

这个实验可能有点难，做一个更简单的实验：用手掌托着一张硬纸片，上面放一枚硬币，用另一只手的手指把硬纸片一弹，硬币就掉在手心里了。

小白说："这是什么原理呢？"

这是利用物体的惯性定律，惯性又称牛顿第一定律，一切物体在所受外力的合力为零时，将保持静止或原来的匀速直线运动状态。物体具有保持原来匀速直线运动状态或静止状态的一种性质，我们把这个性质叫作惯性。

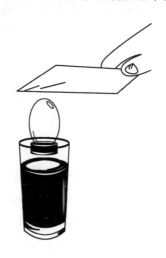

在自然界中，一切物体都具有惯性，惯性是物体的固有属性。惯性是物体的一种属性，而不是一种力，所以不能说"受到惯性"，只能说"由于惯性"或"具有惯性"。

比如，纸飞机离开手之后，还能继续飞行，就是由于惯性。

物理小链接

我们常常看到跳远运动员在跳之前，往往会助跑一段距离，就是利用了惯性原理。在助跑的过程中，速度不断加快，最后跃身而起，在惯性的作用下，会飞出一段很远的距离。

生活中，抖掉雨衣上的雨水或者衣服上的灰尘；将锤柄在石头上碰几下，锤头就套紧在锤柄上了；将盆里的水泼出去等，同样也是利用惯性原理。

氢气球到底能飞多高

去公园游玩的时候，爸爸给小白买了一只氢气球，并告诉小白不要松手，不然的话，气球就会飞走。

结果，在看别人玩过山车的时候，小白一时高兴，竟忘记了手中的气球，撒手之后，气球慢慢地飞走了。

小白问："爸爸，气球为什么会飞走了啊？"

爸爸说："因为气球内部的氢气比空气轻，所以就会往上飘。"

小白问："那气球还会落下来吗？"

爸爸摇摇头。

"那气球会飞到天上去吗？"小白问。

去公园游玩或者在节日的时候，经常能看到街头有人卖氢气球，卖氢气球的人身边的自行车会飘满氢气球，而且个个似乎都在争先恐后地往上飘，只是因为被拴住了，才无法脱身。

气球为什么能飘起来呢？这是因为气球里面装的是氢气，氢气是世界上已知的最轻的气体。它的密度非常小，只有空气的1/14，氢气的密度为0.0899克/升。

卖氢气球的人会带着一个装有氢气的钢瓶，只要把气球的口套在钢瓶的嘴上，一拧开气瓶的开关，氢气就灌到气球里了，气球就会鼓起来。

这个时候，你一定要小心地抓住系气球的绳子，一旦松手，气球就会冉冉上升，越飞越高。

那氢气球一直飞，会飞到哪里去？会飞多高呢？会不会飞到太空之中呢？

答案是不能。

氢气球飞到一定的高度就不会再往上了，在大气层中就像有一块无形的天花板挡住了它一样，更不能飞离地球，飞向太空。

氢气球上升的原因是，氢气比同体积的空气轻，空气的浮力使它上升。浮力的大小等于氢气球排开的那些空气的重量。所以空气的密度越大，浮力也就越大。气球越向上飞，空气稀薄了，浮力就越小。到了一定的高度，气球的重量正好和浮力相等的时候，气球就不再上升了，好像碰到天花板一样。

如果碰上气球质量不好的，可能来不及到达"天花板"就会胀破。这是因为高空中的空气越来越稀薄，对气球的压力越来越小，气球内部的气压较大，气球会不断地膨胀，最后把自己胀破了。

在爸爸的讲述下，小白明白了。

他问："爸爸，那经常有人坐大气球上天，是不是也是这个原理？"

爸爸说："是同样的原理，但那不是氢气，而是氦气。"

能载人载物的大型气球，里面装的是氦气，大型气球的外皮非常结实，不用担心会胀破。气球上装有阀门，可以随时地放掉一些气体，来控制飞行的高度。气球的吊篮里还载有一些重物，人们要让气球飞高一些的时候，就扔下一些重物；让气球下落的时候，就放掉一部分气体。

氦气比空气轻，而且不会像氢气那样易燃易爆，也就更安全，只是价钱比氢气贵得多。

物理小链接

通常状况下，氢气是没有颜色、没有气味的气体。盛满氢气的集气瓶瓶口应朝下放置，这是因为氢气比空气轻。另外，氢气能够燃烧，不纯净的氢气点燃后会发生爆炸。因此，尽量不要让氢气球碰到明火。

有趣的"魔盘"

　　星期天，爸爸带小白去儿童乐园玩耍了一番，给小白留下深刻印象的是一个特别有趣的"魔盘"。

　　魔盘是一个坐落在机器上面，可以旋转类似盘子形状的东西。参加"魔盘"游戏的人，随自己高兴，在那个大圆盘上站着也好，坐着也好，卧着也好，无论你站在盘子的什么位置都可以。游戏开始后，圆盘底下的一部电动机就会缓缓地依着圆盘的竖轴把它旋转起来。旋转的过程是一个由慢到快的过程，起初转得比较慢，后来越转越快。于是，由于惯性的作用，圆盘上的人便开始向它的边上滑去。这个滑动，起初还不太容易觉察，但是当魔盘上的人离圆心越来越远，滑到了越来越大的圆周上时，这个惯性的作用也就会越来越明显。最后，无论你花多少力气想继续停留在原地也不可能了，最终把你从这个"魔盘"上抛了出去。

　　被魔盘抛下来之后，小白赶忙问爸爸："爸爸，为什么我会从'魔盘'上面被抛下来呢？我已经很努力很努力地想留在上面了，结果还是被抛了下来。"

　　在爸爸的详细讲解下，小白明白了其中的道理。

　　和小白一样站在魔盘上的人之所以被抛下来，是因为受到离心力的影响。

　　在物理学中，离心力是不存在的力，它只是一个名字，是为了方便人们的理解而假设的，是惯性的一种形象体现。当一个物体在做匀速圆周运动的时候，尽管其速度的大小没有变化，但它的速度方向时刻在改变，由于本身的惯

性，总有沿着圆周的方向飞去的倾向。例如，下雨天的时候，人们收伞的时候，总是希望将伞上的雨水弄下来，这时可以旋转伞把，使伞旋转，于是雨水很容易就被甩掉了。

如果你注意观察，就会发现，水滴是沿着伞的边缘沿直线飞出去的，这就是因为水滴受到了离心力的影响。

同样地，我们的地球每天都在发生着旋转，地球同样是一个"魔盘"，不过不用担心被地球的离心力抛出去，除了地球的离心力小之外，还因为我们自身的体重超过了离心力。

物理小链接

洗衣机的脱水原理就是以离心运动为其工作原理，即由电动机带动内胆作高速转动，衣物中的水分在高速旋转下做离心运动，水从内胆壳四周的孔眼中飞溅出去，以达到脱水的目的。

足球为什么会拐弯

爸爸是皇家马德里队的忠实球迷，在爸爸的熏陶下，小白也喜欢上了足球。

这天，在观看皇家马德里队的比赛时，小白听到解说员说："足球在空中划出一条美妙的弧线，钻入网窝。"

小白问爸爸："爸爸，足球为什么能划出弧线呢？"

在足球比赛中，我们常常能在电视直播或者现场看到运动员踢出的球在空中划出的弧线，也就是拐弯。

比如，在罚任意球时，踢出的球会越过"人墙"，迷惑守门员破门得分。这种球的运动轨迹呈弧线状，因此称为弧线球，俗称"香蕉球"、"落叶球"。它的特点是一边旋转，一边向前做变向运动。

那么，为什么能踢出"香蕉球"或者"落叶球"呢？

这要从足球受力的角度来论述。足球在空中飞行的时候，会受到推力、重力、空气的摩擦力等几种力的影响。

足球运动员能踢出美妙的弧线，主要是因为在足球受力时，也就是运动员在踢球时，作用力不通过球心而使球一边旋转一边前进。

物理知识告诉我们：气体的流速越大，压强越小。由于足球边旋转边往前飞行，其两侧空气的流动速度不一样，它们对足球所产生的压强也不一样，于是，足球在空气压力的作用下，被迫向空气流速大的一侧转弯、上飘或坠地。由于弧线球一边旋转一边前进，使球的飞行路线变幻莫测，从而扰乱守门员的判断，提高进球的成功率。

你在观看足球比赛的时候，一定见过罚前场直接任意球。这时候，通常会出现这种情况：防守方会有五到六个球员在球门前站成一排，组成一道"人墙"，挡住进球路线。进攻方的主罚队员，起脚一记劲射，球绕过了"人墙"，眼看要偏离球门飞出，却又沿弧线拐过弯来直入球门，让守门员措手不及，眼睁睁地看着球进了大门。这就是颇为神奇的"香蕉球"。

小白听了之后，说："原来是这样子啊！"

物理小链接

"香蕉球"的关键是运动员触球的一刹那的脚法，即不但要使球向前，而且要使球急速旋转起来，旋转的方向不同，球的转向就不同。这需要运动员的刻苦训练，方能练就一套娴熟的脚底功夫，只有经过千锤百炼，才能达到炉火纯青的地步。

是帮忙，还是在帮倒忙

一天，小白和爸爸路过一座采石场，采石场的工人请小白的爸爸帮忙，小白也跟着进去看热闹。

赶到那里的时候，小白发现一辆拖拉机正在拼命地拽着一辆陷在泥水里的大卡车，大卡车的发动机发怒一般吼叫着，车轮在泥水里飞转，可是卡车却在原地纹丝不动。

这个时候，拖拉机在拼命地往前拉，可是大卡车就是纹丝不动。

小白看到爸爸在那里比划着什么，然后爸爸和另外一个人坐到了拖拉机的挡板上。

小白心想："爸爸不是在帮倒忙吗？拖拉机本来就拉不动，爸爸还坐在上面，不是更拉不动了吗？"

只见爸爸一挥手，大卡车和拖拉机同时加大马力，卡车从泥水里被拽出来了。

拖拉机的司机赶紧走过来对爸爸表示感谢。

离开的时候，小白禁不住心中的疑问："爸爸，刚刚拖拉机都拉不动了，你为什么还要坐在上面呢？那不是更拉不动吗？"

爸爸笑了，说："我坐在上面是为了增大车轮与地面的摩擦力。"

"那为什么那么小的拖拉机可以拉起一辆大卡车呢？"小白又问。

"这就是小马帮大马了，拖拉机有两个巨大的后轮，上面有着宽大的表面和很深的花纹。拖拉机的特殊本领全来源于这两只大轮子。"爸爸说。

不管是卡车还是拖拉机，轮胎上都有各种不同的花纹。因为它们都是依靠轮胎支撑在路面上的，而直接与路面接触的却是轮胎花纹。轮胎不仅具有承载、滚动的功能，而且通过其花纹块与路面产生很大的摩擦力，成为汽车驱动、制动和转向的动力之源。轮胎上面的花纹的主要作用就是增加胎面与路面间的摩擦力，以防止车轮打滑，这与鞋底花纹的作用如出一辙。

轮胎的花纹不仅增加了轮胎与地面之间的摩擦力，同时还提高了胎面接地的弹性，这也有利于防止车辆打滑。

当然，摩擦力并不是越大越好，所以各种汽车轮胎的花纹与深度并不相同，大卡车的轮胎花纹较浅，而拖拉机的轮胎花纹较深，花纹较深的轮胎摩擦力就大，这同时会影响前行的速度。除去功率大小的原因之外，这也是拖拉机的速度没有大卡车速度快的另外一个原因。

拖拉机的车速慢，看上去是个缺点，但实际上这是特意设计的。耕地的时候，遇到的阻力很大。根据物理学原理，一台发动机，功率一定的时候，速度

低则牵引力大，速度高则牵引力小，速度和拉力的乘积等于发动机的功率。拖拉机的速度比较低但是牵引力常常比汽车要大。而汽车通常是在平坦的道路上行驶，要求速度高，牵引力可以小一点，汽车的功率大主要是用于提高速度上。

拖拉机和汽车的用途不同，设计制造的方法不一样，在不同的地方各自发挥着自己的特长。

物理小链接

物体与物体之间的接触面越粗糙，摩擦力越大，比如，鞋底和轮胎的花纹。汽车在路面上行驶时，轮胎与粗糙的柏油路面接触，这样摩擦力就能增大。汽车行驶在雪、水的路面，摩擦力就会减小。所以雨雪天一定要注意安全。

拉不直的绳子

在奶奶家的时候，小白帮助奶奶系晾衣绳，小白搬来了一个凳子，站在凳子上，先将五米左右的晾衣绳系好了一头，接着又系另一头，他想将绳子拉紧一点，可是尽管他用了很大的力气，绳子看起来还是有点弯，尤其是绳子的中部，向下弯得很明显。

小白叫来爸爸帮忙，让爸爸帮他把绳子拉直一点。

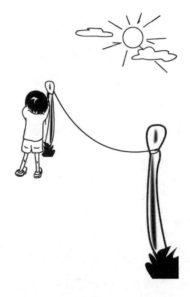

爸爸说："这样的绳子根本拉不直的，你做的已经很好了。"

小白不相信，问："为什么会拉不直呢？"

爸爸说："这是因为绳子本身就有重量！"

接下来，在爸爸的详细讲解下，小白终于知道了原因。

任何物体都会受到重力的影响，绳子同样如此。重力是由于地球的吸引而使物体受到的力。

绳子本身有重量，重力垂直向下拉绳子，如果绳子一点也不下垂，那么绳子受到的拉力应该是完全水平的。然而，水平方向的拉力和垂直方向的拉力是无论如何也不能相平衡的。只要绳子有一点下垂，拉力的方向就不再是水平的，而是微微向上倾斜。在这种情况下，拉力和重力就能平衡。不过拉力要比绳子受的重力大得多。

因此，不管用多大的力都不能把绳子绷得笔直，就是把绳子拉断了也做不到。

除此之外，生活中的一些现象，比如，风筝的线为什么总也拉不直，其实这和晾衣绳的道理是一样的。

小白听了之后，说："原来如此，我还以为是自己的力量不够大呢。那重力有什么用呢？"

爸爸说："重力的作用太重要了，如果没有重力的话，所有的物体都会飘在空中，那个时候就全乱了。"

物理小链接

教你一种功夫：将一根绷得十分紧的细铁丝，用手指在中心猛地一弹，铁丝就会断裂。这就是所谓的"气功"，其实原理非常简单：铁丝受到重力和拉力的影响，你的手指猛地一弹，这个力需要极大的拉力才能平衡，而这个拉力会把铁丝拉断。

公路上行驶的汽车为什么要限速

小白家居住的小区附近发生了一次很严重的车祸。

一辆车在行驶的过程中，由于前面的车辆突然急刹车，这辆车的司机立即采取了刹车，结果车子发生失控，撞向了路边行驶的车辆，酿成了一死两伤的严重车祸，让在场的很多人感到痛心不已。

小白看完报道后，问爸爸："为什么车会失控呢？"

这需要从摩擦力的角度来入手。

摩擦力是指一个物体在另一个物体表面运动时，在两个物体接触面会产生一种阻碍运动的力，这个力就叫摩擦力。摩擦通常分为滑动摩擦、滚动摩擦和静摩擦几种。

比如，汽车在公路上行驶是靠汽车轮胎与地面的摩擦力向前行进的，摩擦力的变化在汽车行驶过程中得到了充分体现。尽管轮子是转动的，但车轮面和地面接触，是相对静止的，存在着一种静摩擦。静摩擦力是可变的，一般远大于滑动摩擦力。

发生车祸的原因同样是因为摩擦力的缘故。在公路上，司机在驾车过程中，如果车速过快，前方出现紧急情况时，驾驶员的第一反应是紧急踩下刹车，就像上面的司机一样，这时候一旦发生车轮"抱死"，车子就变成了滑行，静摩擦力变成了滑动摩擦力，而滑动摩擦力要远远小于最大静摩擦力，所以轮胎就失去了"抓地"。如果司机经验不足，车子就容易发生失控现象。所以，开车速度快是最大的原因。

事例中车的失控就是由于司机遇到突发情况，死死地踩住刹车，车轮与地面之间变成了滑动摩擦，同时由于车速过快，滑动中的车轮在车身惯性的作用

下，与地面发生了分离，形成了"飞车"，也就是所谓的失控现象，导致了这起严重的车祸。

许多公路路口都有"限速""时速不超过80千米/小时"这样的字眼，就是为了防止汽车在行驶过程中造成车辆失控。如果车速不快，遇到突发情况，司机可以采取刹车措施，即便是像上面的司机那样死死地踩住刹车，由于车速不快，车的惯性也不足以使车轮与地面之间的静摩擦变成滑动摩擦，也就不会发生撞车事故了。

明白了这一切之后，小白对爸爸说："为了我和妈妈还有你的安全，你以后开车可千万不能那么快啊！"

爸爸点点头。

物理小链接

如果你足够仔细，也许会发现，我们身边的汽车外壳，一般都是偏软的，而不是像想象中那般硬邦邦的。这是因为力是相互的，外壳偏软，能在一定程度上缓冲汽车碰撞造成的冲击力，也能够减轻车祸对人身体造成的冲击。

美丽的肥皂泡为什么先升后降

小白在阳台上吹肥皂泡，看到一个个小肥皂泡从吸管中飞出，在阳光的照耀下，发出美丽的色彩。此时，小白高兴得手舞足蹈，沉浸在欢乐和幸福之中。

这个时候，兴奋的小白又喊着让爸爸妈妈过来一起玩。爸爸走过来，对小白说："你吹个很大的给我看看！"

只见小白运了运气，果然吹出了一个比较大的肥皂泡，肥皂泡在空中上升了一段距离之后，渐渐地下降了。

爸爸问："小白，刚刚的肥皂泡是怎么运动的？"

小白说："先往上飞，然后又往下飞了。"

爸爸继续问："为什么先往上飞，然后又往下飞了呢？"

小白想了想，说："它可能飞不动了，就往下落了。"

爸爸笑了。

小白的解释对不对呢？

这个过程和现象，其中包含着很多的物理知识。

在肥皂泡刚刚形成的时候，也就是肥皂泡刚刚吹出来时，这个过程是从嘴里吹出的热空气，热空气被肥皂膜与外界隔开，形成里外两个区域，里面的热空气温度大于外部空气的温度。此时，肥皂泡内气体的密度小于外部空气的密度。根据阿基米德原理，即浸在液体里的物体受到向上的浮力，浮力大小等于物体排开液体所受的重力，此时肥皂泡受到的空气的浮力大于它的重力，因此，它会上升，这个过程就跟热气球的原理是一样的。

由于热传递的存在，肥皂泡在上升的过程中，随着时间的推移，肥皂泡内、外气体发生热交换，内部气体温度下降，因热胀冷缩，肥皂泡体积逐步减小，它受到的外界空气的浮力也会逐步变小，而其重力不变。这样，当重力大于浮力时，肥皂泡就会下降。

小白高兴地说："原来肥皂泡还有这么大的学问呢。"

爸爸拿出来一朵花，说："你能在这朵花上面吹一个肥皂泡吗？"

小白试了几次，都没有成功，肥皂泡刚刚碰到叶子，就爆了。

爸爸接过小白的泡泡壶，拿一些肥皂液倒在一只大盘里，倒了大约 2 毫米

厚的一层。然后在盘子中心放一朵花，用一只玻璃漏斗把它盖起来，然后缓缓地把漏斗揭开，用一根细管向里面吹去，一下就吹出一个肥皂泡来。等到这个肥皂泡达到相当大小以后，把漏斗倾斜，肥皂泡便从漏斗底下露出来。于是，那朵花被罩在了一个由肥皂薄膜做成的、闪耀着各种色彩的透明的半圆罩子底下了。

　　小白看了之后，高兴地说："爸爸，你真厉害！"

物理小链接

　　很多人喜欢在七夕放孔明灯，孔明灯会飞的原理就是燃料燃烧使周围空气的温度升高，热空气密度减小并上升，从而排出孔明灯中原有的空气，使自身的重力变小，空气对它的浮力就把它托了起来。

奇迹中的物理知识

这天，小白在一本书上读到一篇关于飞行员奇迹的介绍。

第二次世界大战的时候，一架袭击德国的英国轰炸机突然起火了。飞机的驾驶员维瓦由于没有及时地套上降落伞，又不愿意活活地被烧死，便毅然地从飞行高度为5500米的飞机上无伞跳了下来。他着地时的速度比高速行驶的列车还要快，但是落地后，身上却只有轻微的划伤和挫伤。

无独有偶，苏联空军飞行员伊瓦尔斯基驾驶飞机在和德国空军作战时被打中，被迫从7000米的高空跳下，由于伤势过重，他在空中失去知觉，降落伞都没有打开。落地20分钟后他便恢复了知觉，只是腿部骨折，后背受了点擦伤而已。

看完这些之后，小白禁不住心中的好奇，问："爸爸，他们从那么高的地方掉下来，为什么没有死呢？"

爸爸说："从那么高的地方掉下来之所以没有摔死，就是因为他们落在理想的地形上了。"

小白问："理想的地形是什么样的地形呢？"

爸爸说："飞行员维瓦没有摔死，是因为他掉在雪地上了，伊瓦尔斯基是先掉在松树丛林的枝干上，然后才掉进厚度一米多的积雪里。雪比较柔软，起到了缓冲作用，落地时受到的冲击力比较小，所以他们存活了下来。"

　　小白爸爸的话里，蕴含着这样一个道理。

　　两个物体之间产生了碰撞，碰撞产生的力会因为物体之间的性质差别而大小不一样：碰在柔软的东西上，碰撞力小，反过来硬碰硬，碰撞力就大。说得更准确一点，碰撞力的大小由碰撞时间决定，碰撞的时间延长一倍，碰撞力就会少一半。碰撞时间一般都非常短，但是差别也很大。例如，落在水泥地上，如果硬碰硬则碰撞时间只有千分之几秒，而落在柔软的地面，例如雪上面，碰撞时间要达到十分之几秒。十分之几秒虽然也很短，但是比千分之几秒长了100倍，因此碰撞力也减少了100倍。这也就是他们生命得以保住的原因。

　　两个物体碰撞产生的能量是惊人的，尤其是质量越大、速度越大的物体。

　　小白想了想，说："如果两个都是硬东西碰到了一起，那岂不是很吓人？"

　　爸爸说："对呀！2006年一颗陨石撞击了挪威北部的一座山，它撞击产生的能量就如同一颗原子弹爆炸一般。"

物理小链接

生活中，如果你从高处跳下来，减小冲击力最好的办法是，足尖先着地，然后弯曲双膝、下蹲，这样受到的冲击力比直腿下跳要小很多。高台跳水，如果姿势不正确可能会造成严重的内伤也是这个道理。

第4章　速度和运动的奥妙

　　人类自从出现在地球上，就具有运动的能力，不管你是在走还是在跑，都已经和速度与运动有了联系。

　　你知道自己能跑多快吗？

　　你知道人类奔跑速度的极限吗？

　　你相信一个普通的西红柿具有炸弹的威力吗？

　　你知道……

　　今天，我们将带你走进不可思议的世界，让你对速度和运动有新的认识。

人类的奔跑速度有极限吗

看一下人类运动史上的百米跑纪录：

1968年10月14日，吉姆·海恩斯（Jim Hines）以9秒95的成绩创造了世界纪录，使人类的百米速度冲破了10秒大关，也打破了此前有人断言人类的速度已经达到极限的说法。

1983年7月3日，史密斯（Calvin Smith）以9秒93的成绩打破世界纪录，将原世界纪录提高了0.02秒。

1988年9月24日，刘易斯以9秒92的成绩打破世界纪录，将原世界纪录提高了0.01秒。

1991年6月14日，布勒尔（Leroy Burrell）以9秒90的成绩打破世界纪录，将原世界纪录提高了0.02秒。

1991年8月24日，刘易斯在东京世锦赛中以9秒86的成绩再次打破世界纪录，将原世界纪录提高了0.04秒。

1994年7月6日，布勒尔（Leroy Burrell）以9秒85的成绩打破世界纪录，将原世界纪录提高了0.01秒。

1996年7月27日，贝利（Donovan Bailey）以9秒84的成绩打破世界纪录，将原世界纪录提高了0.01秒。

1999年6月16日，格林以9秒79的成绩打破世界纪录，将原世界纪录提高了0.05秒。

2005年6月14日，鲍威尔以9秒77打破世界纪录，将原世界纪录提高了0.02秒。

2007年9月9日，鲍威尔以9秒74打破百米世界纪录，将原世界纪录提高了0.03秒。

2008年6月1日，博尔特以9秒72打破男子百米世界纪录，将原世界纪录提高了0.02秒。

2008年8月16日，北京奥运会上博尔特以减速的姿态冲过终点，并且以9秒69打破百米世界纪录夺冠，将原世界纪录提高了0.03秒。

2009年8月16日，德国柏林田径世锦赛，博尔特以9秒58的惊世成绩打破百米世界纪录并夺冠，将自己保持的百米世界纪录提高了0.11秒。

……

人类的速度有没有极限呢？从这些纪录来看，人类的速度似乎没有极限，事实果真如此吗？

德国法兰克福大学体育科学研究所的鲁丁格·普莱斯博士在其论文《人类速度的极限》中指出，要提高速度，真正的决定因素有两个：神经和肌肉，即神经系统对肌肉运动的控制和肌肉对这种控制的反应。这两个因素都是先天决定的，因此，并非人人都能跑得很快。

从另外一个角度来看，人类奔跑的速度还受到三磷酸腺苷的限制。三磷酸

腺苷是人体内组织细胞一切生命活动所需能量的直接来源，人到底能跑多快还要看这种物质。

当然，由于要受到许多主观和客观因素的影响，人类速度的极限很难进行准确预测。比如，主观因素包括人的情绪等内在的一些因素，客观因素则包括很多，从跑鞋到运动衣以及跑道的材质和铺设的好坏等，均对速度有一定的影响。

物理小链接

根据欧洲一些运动专家的研究，人类的速度是有极限的。

荷兰蒂尔堡大学的约翰·艾因马尔说：100米的极限是9秒29。法国IRMES研究所的让·弗朗索瓦·图桑也说，100米的极限是9秒29。

人类的速度有没有极限？这似乎是一个未解之谜，还有待于时间的验证。

转瞬之间到底是多长时间

小白在房间里听到爸爸和一个叔叔对话，那个叔叔说："转瞬之间，我们都已经为人父母了……"接着就听到爸爸表示赞同的声音。

待爸爸送走客人之后，小白问爸爸："爸爸，转瞬之间是什么意思？"

爸爸说："就是一眨眼的时间。"

小白又问："一眨眼的时间是多长时间？"

于是爸爸给小白讲解了关于时间的知识。

几千年的文明发展，我们已经习惯了使用年、月、日、时、分、秒等计时单位。古代的时候，我们的老祖先还没有严格的时间观念，人们过着日出而作、日落而息的生活，他们使用的计时器分别为日晷、滴漏以及沙漏等，"更"是他们普遍使用的名词。

然而，随着现代的科技越来越发达，人们越来越注重时间的观念，18世纪三四十年代，人们的时间观念中出现了"分"，19世纪初，人们的时间观念中出现了"秒"的概念。

随着分工越来越细，科技越来越发达，人们的时间观念开始将秒进行分段，精确到十分之一秒、千分之一秒甚至是万分之一秒。

可能，对于我们而言，千分之一秒的意义简直就等于零。但是，这个微小的计时单位，却在现代科技中发挥着越来越重要的作用。

千分之一秒，在这样短促的时间里能够做些什么事情呢？事实上，能够做的事情多得很。

普通火车在这千分之一秒的时间里能跑出3厘米，声音能够走33厘米，超音速飞机大约能够飞出50厘米，地球可以在千分之一秒里绕太阳转30米，光可以走300千米……

对人类而言，一次"眨眼"，这个动作进行得非常之快，使我们连眼前暂时的黑暗都不会觉察到。

但是，很少人知道这个所谓无比快的动作，假如用千分之一秒做单位来测量的话，却是进行得相当缓慢的。

根据精确的测量，"眨眼"的全部时间，平均是0.4秒，也就是400个千分之一秒。它可以分成几步动作；上眼皮垂下（平均为87个千分之一秒），上眼皮垂下以后静止不动（平均为145个千分之一秒），以后上眼皮再抬起（大约170个千分之一秒）。这样你可以知道，所谓"眨眼"，其实是花了一个相当长的时间的，这期间眼皮甚至还来得及做一个小小的休息。所以，假如我们能够分别察觉在每千分之一秒里所发生的景象，那么我们便可以在眼睛的"眨眼"间看到眼皮的两次移动以及这两次移动之间的静止情形了。

千分之一秒的时间可以做这些事情，可能你会感觉到不可思议。如果我告诉你，这还不是所能测到的最短时间，你会有什么感觉？

现代科学仪器已经可以测出万分之一秒来；现在物理实验室里可以测1千亿分之一秒。这个时间跟一秒钟的比值，大约和一秒钟与三千年的比值相等。

抽象地说，时间和物体一样，是由一个个时间分子构成的。

小白听了之后，说："哇！原来时间的概念是这样的。"

爸爸说："对！我们古诗里说：一寸光阴一寸金，寸金难买寸光阴。就是告诫我们要好好学习和工作，时间浪费了就不会再有了。"

小白认真地点点头。

物理小链接

如今的奥运会赛场上，一系列高科技计时装置，如高速数码摄像机、电子触摸垫、红外光束、无线应答器等，让运动员之间千分之一秒的差距也能准确判断，精确地决定着冠军的归属。

什么是自由落体

小白和爸爸一起去玩，下楼之后才发现车钥匙忘在楼上了，爸爸给妈妈打电话，让妈妈把钥匙扔下来。

妈妈从楼里探出头，看准了小白和爸爸的位置之后，将钥匙扔了下来。

钥匙落地的时候，爸爸钥匙链上的一个塑料玩物被摔破了。

小白说："妈妈真是的，干吗用那么大的力气往下扔，东西都摔坏了。"

爸爸说："不是妈妈用的力气大，是自由落体造成的。"

自由落体是指不受任何阻力，只在重力的作用下而降落的物体。

例如，小白的妈妈只是在楼上将钥匙从手中松开，钥匙就在地球引力的作用下向下运动。

物体在下落的过程中，开始的速度为零，由于受到地球引力的影响，速度也会越来越快，速度快，冲击力就大。

关于自由落体，还有一个自由落体定律，内容是物体下落的速度与时间成正比，它下落的距离与时间的平方成正比，物体下落的加速度与物体的质量无关。

通俗地讲，物体在自由下落的过程中，下落的时间越长，速度也会越来越快，下落的速度与物体的质量没有关系。

关于这个，还有一个著名的比萨斜塔实验。

伽利略在比萨大学读书时，对校方经常向学生灌输上帝创造万物之类的宗教信条非常反感，他只是潜心于自己的科学研究。

有一次，神父在比萨教堂给学生们讲圣经。伽利略却盯住教堂屋顶上摇晃的铜吊灯，他发现，吊灯左右摇摆的来回时间始终是一样的。由此，他发现了"摆锤的等时性"，并在工匠的配合下，制成了世界上第一台摆锤时钟。后来他又制成了世界上第一台天平仪，还为此写了一篇题为《固体内的重心》的论文，这使21岁的伽利略引起了全意大利学者的普遍重视。1589年，年轻的伽利略又在著名的比萨斜塔上做了轰动一时的自由落体实验。伽利略把两个不同重量的铁球从斜塔上推下来，结果两个铁球同时落地，从而推翻了古希腊学者亚里士多德在一千多年前宣布的"不同重量的物体落地速度不同"的理论。

看到这里，也许你会奇怪，如果把一张纸和一个铁球从高处丢下，为什么是铁球先落地，而纸后落地呢？这是因为纸在空气中往下坠落的过程中，受到了空气阻力的影响，空气对它的阻力要大于铁球，所以它的速度比铁球慢。

随着自由落体运动速度的增加，空气对落体的阻力也逐渐增加。当物体受到的重力等于它所受到的阻力时，落体将匀速降落，此时它所达到的最高速度称为终端速度。例如，伞兵从飞机上跳下时，若不张伞其终端速度约为50米/秒，张伞后的终端速度约为6米/秒。

物理小链接

在高空的时候，不要随便往下扔东西，尤其是住在高层楼上的住户，随手往下扔东西，因为自由落体的原因，终端速度会变得很大，造成的冲击力也很大，容易对其他人造成伤害。

卫星是如何发射的

看到电视里关于卫星发射的报道，小白说："发射卫星原来那么简单啊！"

爸爸说："怎么简单了？"

小白回答说："你看，首先点燃火箭，火箭起飞后就没事了。"

爸爸笑了，说："卫星的发射过程是非常复杂的。"

现实中，人造地球卫星的发射是非常复杂的一个过程，并非我们想象的那样简单。要将一颗卫星送入预定的轨道，实现预期的目标，需要有科学的理论计算和尖端的火箭监控技术，这个过程是经过三个阶段进行的。

首先，将装有卫星的运载火箭置立在发射台上，全部准备工作完毕，按照"倒计数程序"进入最后预备阶段。随着地面控制中心的发射指令"10、9、8、7、6、5、4、3、2、1，发射！"发射升空。

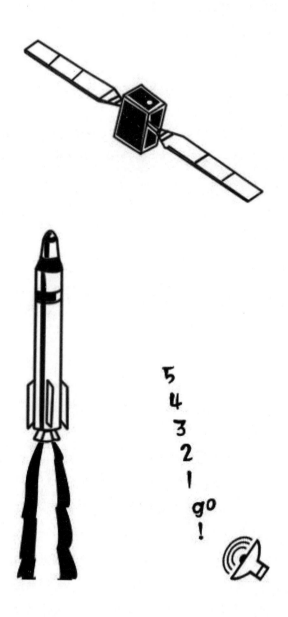

5
4
3
2
1
go
!

第一级火箭发动机点火，运载火箭开始脱离发射架上升，而且速度越来越快。加速飞行阶段开始了。

运载火箭从地面发射到把有效载荷送入预定轨道，这个过程称为发射阶段。

在这一阶段所经过的路线就叫作发射轨道，运载火箭的发射轨道一般分为三部分：加速飞行段、惯性飞行段、最后加速段。运载火箭垂直起飞后 10 秒钟，开始按预定程序缓慢地转弯。

发动机继续工作一段时间后，运载火箭已上升到预定的高度，基本上达到所需的入轨速度，第一级火箭发动机关机分离。

这个时候，第二级火箭发动机点火，继续加速飞行。此时的火箭已经飞出稠密的大气层，按预定程序抛掉箭头整流罩。接着，在火箭达到预定速度和高度时，第二级火箭发动机关机、分离，至此加速飞行段结束。

这时，运载火箭在地球引力的作用下，开始进入惯性飞行段，一直到与卫星预定轨道相切的位置，第三级火箭发动机开始点火，进入最后加速段飞行。

当加速到预定速度时，第三级火箭发动机关机，卫星从火箭运载器弹出，进入预定的卫星运行轨道。至此，运载火箭的任务就算完成了。

听完爸爸的讲述之后，小白说："原来还有这么复杂的事情啊！"

爸爸回答说："当然了，每一颗卫星发射都需要庞大的工作团队，都需要几百人甚至上千人的通力合作，一颗卫星的成功发射不仅代表了一个国家的科技力量，更代表了这个国家的综合国力。"

物理小链接

同步卫星在进入一定高度的运行轨道后，会与地球相对静止，也就是当你站着看它时是静止的。这是因为同步卫星围绕地球飞行的转速与地球自转的速度相同，相对于地球而言，同步卫星是静止的。

西红柿变身为飞弹

你相信一个西红柿会有子弹一样的威力吗？

在欧洲的一个国家，曾经发生过这样一件趣事。

一个盗贼在盗窃了一户人家的财产之后，驾车飞奔而去，很多人都参与到抓捕盗贼的行动中，无奈盗贼的车速飞快，大家都被甩在了身后。

眼看着盗贼就要逃之夭夭了，这个时候，一件匪夷所思的事情发生了。盗

贼的车正准备经过的地方，有几个少年每人手中拿着一个西红柿，正准备吃，看着盗贼的车开过来，他们就用手中的西红柿扔向盗贼的车。难以置信的一幕发生了，西红柿把车身砸坏了，直接砸到盗贼身上的西红柿对盗贼造成了严重的外伤，盗贼被这几个少年抓住了。

其实原因很简单：汽车本身的速度加上投出的西红柿的速度，就把这些西红柿变成了危险的、有破坏能力的"炮弹"。

用一个比较简单的事例进行分析。

两个向着相反方向奔跑的人，如果一不小心撞到了一起，会发生很严重的后果，就是这个道理。

我们都听说过飞机与飞鸟相撞的事情。飞机的速度非常快，比汽车快多了，相对来说飞鸟的速度很慢。它们相撞时，这只小鸟碰到这架飞机的力量，跟从机枪里射出的子弹一样。

两个物体向相同方向用几乎相等的速度移动，就近似于相对静止，在接触的时候是不会发生什么撞击的。

物理小链接

世界各地的西红柿节上，很多人用西红柿乱砸，人会不会受伤？受伤的可能性不大，因为西红柿节的规则是西红柿必须要捏碎了才能扔出去，这样西红柿的冲击力就小了很多，动量也削弱了不少。

为什么站不起来

让你从椅子上站起来，你可能会说："这非常简单，只要是身体健康的人，都可以很轻松地站起来。"

是这样吗？

未必，现在我们进行一个简单而且有趣的实验，让你知道从椅子上站起来并不是一件简单的事情。

现在坐到椅子上去，把上身挺直，不准向前倾，两只脚与椅子腿保持平行，同时不准把两只脚移到椅子底下去。现在，不许改变两脚的位置，请你试试看站起身来。

是不是觉得很不可思议？无论你花多大力气，只要不把上身向前倾或者把两脚移到椅子底下去，你就休想站起来。

要搞懂这个问题，先来弄明白平衡力这个问题。

平衡力是指作用在同一点上的、矢量和为零的几个力，是一组平衡力。

说得简单一些，对于两个力，如果它们大小相等，方向相反，作用在同一物体上，那么这两个力就是一对平衡力。

比如，世界著名的比萨斜塔，之所以能够倾斜不倒，是因为从重心引垂下来的竖直线没有越出它的底面。还有，建筑物的基石都是深埋在地面以下的，它所受到的力能抗衡斜塔的倾斜，从而保持力的平衡。

人之所以能够站立，是因为从人的重心引下的竖直线保持在两脚外缘所形成的那个小面积以内，身体受力均衡。

然而，如果收起一只脚，只有一只脚站立在地上，依靠身体各部分的配合尽管能够保持平衡，但会比较困难。

当然，并不是依靠双脚就能够完全站立的，比如，双脚站立在钢索上，但依然不能够保持平衡，就是因为脚底的接触面太小，从重心引下的竖直线很容易超出这个底面的缘故。

在电视或者现实中，我们经常能看到一些非洲人，他们的头上会顶着一个东西，比如木头、粮食、水果等东西，他们几乎都能用头顶起来，而且根本不需要用手扶，行动起来轻松自如。

这可不是他们拥有某种神功，而是熟能生巧，不过只要仔细观察，你就会发现他们的姿势非常端正，头部和上身保持笔直的状态。这是为了保持物体受力平衡，否则，只要有一点偏斜，从物体重心引下的竖直线就会有越出物体与头部接触面的危险，这样物体就会掉下来。

坐在椅子上的人，他的身体的重心位置是在身体内部靠近脊椎骨的地方，比肚脐高出大约20厘米。试着从这点向下引一条竖直线，这条竖直线一定通过椅座，落在两脚的后面。但是，一个人如果能够站起身来，这条竖直线就一定要通过两脚之间的那块面积。

因此，要想站起身来，我们一定要把胸部向前倾或者把两脚向后移，目的都是使从重心引下的竖直线能够置于两脚之间的面积之内。我们平常从椅子上站起身来的时候，就是这样做的。

物理小链接

平时我们看到一些惊险的杂技表演，他们可以在空中做出各种高难度的动作，但不管怎么做，他们始终都会保持平衡，重心一直在身体能够控制的范围内，同时利用各种道具，例如木棍，甚至是自己的手臂来保持身体的平衡。

第5章　探索光学的奥秘

光是与人类的关系最为密切的，它是人类的眼睛可以看见的一种电磁波，可以在真空、空气、水等透明的物质中传播。

你会照镜子吗？

你知道什么是天狗吃月亮吗？

你知道路灯为什么是红、黄、绿三种颜色吗？

你知道……

这一章就让你认识光学的奥秘！

奇幻的魔术表演

>>>>>>>>>>>>

小白和爸爸一起去观看了一场魔术表演，魔术师出神入化的表演，让很多看起来不可能实现的现象在现实中真真切切地展现在观众面前。

表演结束之后，小白依旧在回味着刚刚精彩的表演。

小白问："爸爸，刚刚有个人没有身体，只有头颅，为什么还能活着呢？"

小白所说的是魔术表演中的一个表演项目：经过魔术师的"变化"之后，观众只看到一张桌子上面放着一个盘子，而在盘子中居然是一个活生生的人头，眼睛会动，能够说话、唱歌，还能够吃东西，乍看上去和正常人没有什么两样。奇怪的是，桌子下面并没有躯干。尽管人们因为障碍物隔开而不能靠近桌子，但是通过现场的大屏幕，依旧可以清晰地看到桌子下面一片空白。

这个魔术一经上演，现场的观众都发出惊叹声。尤其是这个人从桌子里站出来的时候，更是让人们如痴如醉，感觉到了梦幻的世界中。

其实，这个魔术表演是利用镜子的反射原理。

表演的时候，并没有所谓的只有一个头颅，表演者只需要坐在特制的道具里，桌子的前面看起来之所以是空的，只要在桌子腿之间放上一面镜子就可以了。当然，这面镜子是经过特制的，镜子不会照到现场的观众，也不会照到舞台上的其他东西。

具体的表演过程是这样的。

魔术师会将特制的道具搬到舞台上来，道具就是一个特制的看起来空空的桌子，上面下面什么都没有。这时候，魔术师的手中会拿过来一个盒子，而盒子同样是空的，魔术师会把盒子放到桌子上面，这时候前面会用布遮住片刻。

很短的时间过后，布被撤去，呈现在观众眼前的就是传说中的人头了。

毫无疑问，桌子上会有一部分是空的，一个人会在镜子的遮挡下坐在桌子下面，从桌面的洞里把头伸到没有底的盒子里。

这就是整个魔术的过程。

听完爸爸的讲解之后，小白问："那为什么现场看起来那么真呢？"

爸爸说："那是借助灯光等其他的效果，所以让魔术看起来更显真实。"

物理小链接

魔术是一种以迅速敏捷的技巧或特殊的装置把实在的动作掩盖起来，使观众感觉到物体忽有忽无、变化莫测的杂技，让人们觉得在生活中不可思议的事情呈现在眼前。

魔术不是真实的，是一种供人欣赏的杂技表演。

影子之中的奥秘

>>>>>>>>>>>>

一天晚上，小白在写字台的台灯下写家庭作业的时候，无意间看到握笔的手在纸面上留下的影子，感到很奇怪，他仔细地观察了一下，发现影子的边缘部分比影子的中心部分相对亮一些，而且影子的周围似乎还有一圈虚的边界。

好奇的小白立即停下了笔，唤来爸爸，问爸爸这是怎么回事。爸爸没有直接给他答案，而是要求他尽快完成家庭作业，之后再告诉他。

心中怀着疑问，小白很快就完成了作业。

随后，爸爸将问题的原因告诉了他。

弄懂这个问题，首先要弄清楚两个名词：本影和半影。

本影指发光体，比如台灯、蜡烛，所发出的光线被非透明物体阻挡后，在

屏幕或者物体上所投射出来完全黑暗的区域。此处发光体的光线完全被物体阻挡。半影是指只有部分光线到达的区域。

其实，不仅是台灯造成的影子有这种特点，如果我们再去认真观察被太阳光、月光等照射的物体的影子时，也会觉察到这种情况，这是影子的一个很显著的特征。

那么，为什么会产生上面所说的本影和半影呢?

发光体这个光源并不是一个"点"，而是具有一定大小的发光面积。通俗地讲，任何实际的光源都不是真正的"点"光源，这个光源具有一定的面积。

由点光源发出的光照射不透明的物体时，在物体背光的方向上可以形成一个边缘清晰的黑暗区域，即物体的影。但由实际光源照射物体时，它的发光面却可以被看作由若干个点光源组成的。由于这些点光源照射同一物体时，又会形成若干个物体的影。所有这些"影"的重叠部分，也就是"发光面"上所有的点发出的光线都照射不到的区域（显然最黑暗），就是本影。

另外，由于发光面上发出的一部分光线可以照射到，而另一部分光线却无法照射到的区域，很显然，有一部分光线照射到的区域，亮度要比没有照射到的区域即本影会大一些，这就是半影。

上面事例中，由于光线无法透过手，在光线无法照射到手的后面留下较暗的影子，这就是本影。而影子的边缘部分比较亮，似乎还有一些虚的边界，就是半影。

物理小链接

我们见到的日偏食发生的原因，就是因为半影区的存在，在半影区内只能见到部分太阳。当月球半影扫过地球时，便发生日偏食。

天狗真的把月亮吃了吗

>>>>>>>>>>>

小白这几天一直在听人们谈论月食，说最近几天会出现月食，他不知道月食是什么，就问爸爸。

爸爸开玩笑地说："月食就是天狗吃月亮。"

小白想了想，担心地说："那以后岂不是就看不到月亮了？"

爸爸笑着说："不是，月食只是一种天文现象而已。"

小白所说的月食是一种特殊的天文现象。当太阳、地球、月球三者恰好或几乎在同一条直线上时，其中，地球在太阳和月球之间，由于太阳的光线被地球挡住，太阳到月球的光线便会部分或完全不能到达月球上，这样便产生月食。

在古代，由于科学不发达，每当发生月食时，人们就会惊慌失措，认为是天狗在吃月亮，会用敲锣打鼓的方式来赶走天狗，其实，月食只是正常的天文现象。

以地球而言，当月食发生的时候，太阳和月球的方向会相差180°，根据月球围绕地球转动，地球又围绕着太阳转动，同时发生自转的原理，月食必定发生在农历15日前后。

其中需要注意的是，由于太阳和月球在天空的轨迹，这在地理学中称为黄道和白道，并不在同一个平面上，而是有约 5° 的交角，所以只有太阳和月球分别位于黄道和白道的两个交点附近，才有机会连成一条直线，产生月食。

根据圆缺的情况，月食又可以分为多种情况。

地球的直径大约是月球的4倍，在月球轨迹处，地球本影的直径仍相当于月球的2.5倍。所以当地球和月球的中心大致在同一条直线上时，月球就会完全进入地球的本影，而产生月全食。而如果月球始终只有部分被地球本影遮住时，即只有部分月亮进入地球的本影，就发生月偏食。

太阳的直径比地球的直径大得多，地球的影子可以分为本影和半影。如果月球进入半影区域，太阳的光也可以被遮掩掉一些，这种现象在天文上称为半影月食。由于在半影区阳光仍十分强烈，月亮表面的光度只是极轻微地减弱，多数情况下半影月食不容易用肉眼分辨。一般情况下，由于不易被人发现，故不称为月食，所以月食只有月全食和月偏食两种。

每年发生月食数一般为2次，最多发生3次，有时一次也不发生。因为在一般情况下，月亮不是从地球本影的上方通过，就是在下方离去，很少穿过或部分通过地球本影，所以一般情况下就不会发生月食。

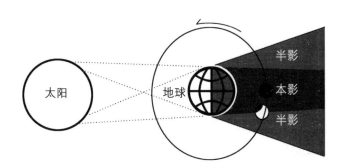

另外，由于月球、地球的运动规律，月食只是一个持续的过程，这个过程可能只持续几分钟，也有可能持续很长时间。正式的月食过程分为初亏、食既、食甚、生光、复圆五个阶段。初亏：标志月食开始。月球由东缘慢慢进入地影，月球与地球本影第一次外切。食既：月球的西边缘与地球本影的西边缘内切，月球刚好全部进入地球本影内。食甚：月球的中心与地球本影的中心最近。生光：月球东边缘与地球本影东边缘相内切，这时全食阶段结束。复圆：

月球的西边缘与地球本影东边缘相外切，这时月食全过程结束。

物理小链接

当地球、月球、太阳三者处于同一条直线上时，月球处于地球和太阳之间，月球挡住了部分太阳光，就发生了日食。日食的时间较短，而且发生的频率要远远低于月食。

不可思议，用冰也能够取火

你相信用冰也可以取火吗？也许你会觉得不可思议，下面让我们来告诉你这个方法。

小白放学回家之后，对爸爸说："爸爸，我们学校准备举办一个发明比赛，让每个人都做出一个小发明来。"

爸爸问："那你准备做什么样的小发明啊？"

小白回答说："我准备做一个用冰取火的发明。我在一本书里面看到过，但是我觉得不可能，所以我想证明一下。"

爸爸说："你想证明书中的结论，这值得鼓励，但是我要告诉你，用冰可以取火。"

用冰取火，原理就是利用凸透镜对光的汇聚作用。

凸透镜是根据光的折射原理制成的，是一种中央部分较厚的透镜。因为凸透镜有汇聚光线的作用，故又称聚光透镜，较厚的凸透镜则有望远、发散或汇聚等作用，这与透镜的厚度有关。

将平行光线，如太阳光，平行于凸透镜，射入凸透镜，光在透镜的两面经过两次折射后，集中于一点，此点就叫作凸透镜的焦点，将光线聚为一点，焦点的温度会迅速升高。

简单来说，这就涉及物理中几何光学的原理了。光通过两种介质的界面时，要发生折射。凸透镜是一种光学元件，它对光有汇聚作用。让一束平行光通过凸透镜，光线汇聚焦点，从而使热量集中到焦点上。如果在焦点处放些易燃物品，易燃品就会燃烧起来。

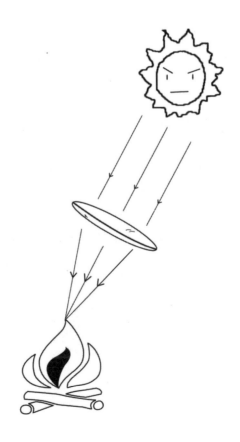

人们用大小适度的一块冰，首先将冰磨制成一个凸透镜。然后，利用太阳光找到冰凸透镜的焦点，便可以利用此冰凸透镜引燃火种。这就是所谓的用冰取火的奥妙。

其实，用冰磨制凸透镜是一件非常辛苦的事情，在严寒的冬天，要用小刀、砂纸之类的东西，想做出一块透明的冰块透镜要下一点工夫。但是也可以用一个很简单的方法来做这种冰块透镜：把水加到有合适形状的碟子里，让它结冰，然后把碟子略微热一下，便可以把做好的透镜拿出来了。

对于这个实验，还有一点一定需要注意：一定要在晴朗而严寒的天气，并在露天里做，不要在房间里面隔着窗玻璃来做，因为玻璃会吸收太阳光里的大部分热能，留下来的热不足以引起燃烧。

小白听了之后，对爸爸说："我终于知道原理了，这次我一定会在学校的小发明比赛上获奖的。"

物理小链接

凸透镜是中间厚、两边薄，而凹透镜则是中间薄、两边厚。凸透镜对光线有汇聚作用，凹透镜对光线有发散作用。

学生们佩戴的近视镜就是凹透镜，近视眼是由于眼睛的过度疲劳或发生病变引起的眼球变化，使物体成的像落在视网膜前，这样人就看不清物体。凹透镜对光线有发散作用，能使平行光向稍远的方向汇聚，这样，近视眼佩戴凹透镜，就能使物体成在视网膜前的像落在视网膜上，使人能看清物体。而老人们常戴的老花镜是凸透镜，原理和近视镜相反。

找黑色的东西来帮忙

爸爸妈妈去服装城给小白买衣服，小白看上了其中的一件白色羽绒服，但是妈妈却坚持给他买黑色的，小白非常不情愿。

爸爸说："小白，妈妈让你买黑色的衣服是对你好！"

小白说："可是我不喜欢这件黑色的。"

爸爸说："我们先答应妈妈，回去之后，如果你不满意，我们再回来换。"

回去之后，爸爸让小白把手抬起来，放了一黑一白两块布在小白的手上。

爸爸说："两分钟之后你告诉我有什么不一样。"

两分钟之后，小白说："爸爸，我这只拿着黑布的手感觉到很热。"

爸爸说："我们再做一个实验。"

爸爸在有阳光照射的雪地上，将刚刚的两块一黑一白的布盖在了雪上面。过了一两个小时之后，小白发现黑布低陷进雪里去了，但是白的那块仍旧留在雪面上。

这个现象产生的原因很简单：黑布底下的雪要融化得快些，因为黑布吸收了射在它上面的太阳光的大部分热能；白的那一块呢，却刚刚相反，它把太阳光的大部分反射了出去，因此，它所吸收的热没有黑布那样多。

我们知道，光是由红、橙、黄、绿、蓝、靛、紫七种颜色构成的。一个物体是什么颜色的，实际上这个物体就反射什么颜色的光。比如，你看到一个物体是红色的，实际上，是光线中的其他几种颜色都被物体吸收了，只剩下红色的光被反射回来，所以看起来是红色的。

同理，白色的物体实际上是将光线全部反射回来，并不吸收。而黑色的物体，则是将光线全部吸收了，一点都不反射回去，所以呈现为黑色。

光能生热，黑色吸收了全部的光，自然就要比白色吸热。

然而黑色散热也快，因为黑色要吸收大量的热量，所以，当它吸收过多的热量时，就会散出热量，从而可以使它吸收更多的热量。

因此，我们可以得出结论，在冬天的时候更适合穿黑色的衣服，因为黑衣服在日光底下会使我们的身体受到比较多的热，可以吸收到太阳更多的热量，会使得我们身体觉得暖和。

在1903年发生的一件事，更加能证明这个结论。

1903年，"高斯"号轮船到南极去探险，因为天气突然变冷，轮船还未来得及离开这里，就被冻在冰里了。为了帮助轮船离开那里，人们用了炸药和锯子，但是结果都是徒劳，由于炸药有限，只能够打开几百立方米的冰，轮船仍旧不能恢复自由航行。

后来有人提出借助黑色的东西帮忙，这个想法得到很多人的赞同。

于是人们用黑灰和煤屑在冰面上铺了2000米长、10米宽的一条带状"小路"，从轮船边上铺起，一直铺到冰的最近一条宽裂缝上。那时候正好是南极的夏天，连续许多天都是好天气。

于是，这些黑灰和煤屑竟完成了炸药和锯子所做不到的工作。冰逐渐地融解开，沿着黑色的那一带破裂了，这艘轮船就此脱离了冰的羁绊。

明白了其中的道理之后，小白说："我冬天就穿着它来保暖了，原来我误会妈妈了，妈妈是很爱我的呀。"

物理小链接

由于物体对光有反射作用，在夏天的时候，如果穿黑色的衣服会比较热，需要穿白色的衣服，因为白色的衣服不吸收任何光，可以将太阳光反射出去，阻挡太阳的热量。因此，夏天穿白色的衣服会感觉凉爽。

如何才能抓到鱼

在乡下爷爷奶奶家的时候，小白跟着爷爷和爸爸到村口的小河里去抓鱼。说到抓鱼，小白觉得非常有趣。如果你想抓到更多的鱼，还需要掌握一个诀窍。

下到河里的时候，爷爷和爸爸一抓一个准，但是小白费了好大劲，却总是抓不住，这让小白有点泄气了。

小白抱怨说："爸爸，我这里的鱼会隐形，我根本就抓不住它们。"

爸爸听了之后，笑着问："你是怎么抓的啊？"

小白说："当然是找准鱼的位置了。"

爸爸说："向你看到的鱼的位置下方抓，就可以了。"

小白不解地问："为什么？"

这是由于光的折射原理。

光从一种介质斜射入另一种介质时，传播方向会发生偏折，这种现象叫作光的折射。光从空气斜射入水中或其他介质时，折射光线向法线方向偏折。

简单来说，光的折射与光的反射一样，都是发生在两种介质的交界处，只是反射光返回原介质中，而折射光会进入到另一种介质中，由于光在两种不同

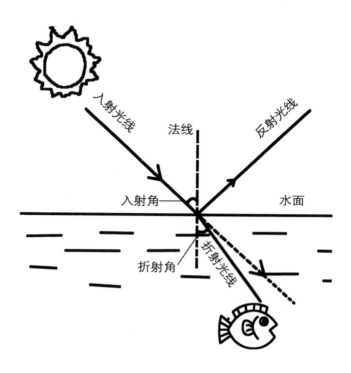

的物质里传播速度不同，因此在两种介质的交界处传播方向发生变化，这就是光的折射。

另外，光从空气斜射入水或其他介质中时，折射光线与入射光线在同一平面上，折射角小于入射角，入射角增大时，折射角也随着增大。当光线垂直射向介质表面时，传播方向不变，在折射中光路可逆。

由于折射角小于入射角，鱼儿在清澈的水里面游动，可以看得很清楚。然而，沿着你看见的鱼的方向去捉它，却捉不到。有经验的渔民都知道，只有将渔叉瞄准鱼的下方才能捉到鱼。

同样的道理，从上面看水或者玻璃等透明介质中的物体，会感到物体的位置比实际位置高一些。这就是光的折射现象引起的。

另外，由于光的折射，池水看起来比实际的浅。所以，当你站在岸边，看见清澈见底、深不过齐腰的水时，千万不要贸然下去，以免因为对水深估计不足，惊慌失措，发生危险。

水中的鱼看人会怎样呢？

同样的道理，由于光线是可逆的，这个时候鱼儿看人的位置也是不准确的，认为人的位置变高了，正确的位置是在看到的位置稍微向下。

明白了这些道理之后，小白瞄准一条鱼，猛地向鱼下面的位置抓去，果然抓住了一条鱼，小白兴奋得手舞足蹈。

物理小链接

把一块厚玻璃放在钢笔的上面，钢笔看起来好像"错位"了，发生了断裂，这种现象也是光的折射引起的。

我们在镜子里看到了谁

妈妈为了方便自己每天早晨起来打扮，买了一块很大的落地镜子放在客厅里。

小白放学回来之后，站在镜子前面，冲自己做着鬼脸。

爸爸走过来，问："小白，镜子里看到的是自己吗？"

小白回答说："当然是我自己了，在一切细节上都分毫不差。"

爸爸说："真的吗？"

小白很自信地回答，说："那当然，如假包换。"

爸爸说："那这样，你现在用右手摸你的耳朵，看看镜子里面的你也是用右手吗？"

小白按照爸爸的话试了试："呀，爸爸，怎么我在镜子里变成左手啦？"

如果你仔细地观察一下，你会发现镜子中的"你"有些你怎么也不能习惯的动作，比如，"他"是左撇子，"他"用左手梳头，用左手吃饭。凡是你用右手做的事情，"他"一定会用左手做；你用左手做的事情，"他"一定用右手做；你用右手和"他"打招呼，"他"会把左手伸给你。

现在来做一个有趣的实验。

在你的书桌前面竖直地放一面镜子，在你的书上铺一张纸，请你在这张纸上随便画一个图形，比方说画一个菱形或者椭圆形。但是画的时候眼睛不许望着手，只许看着镜子里的手的像。

你一定会发觉，本来是非常简单的一个题目，你居然无法完成，即便你勉强画好了，也总是感觉自己像做了一套很难的试卷一样，垂头丧气。

本来你的视觉和你的动作是协调的，但是这种多年来养成的协调性突然被一面镜子破坏了，因为它把我们手部的动作变了样。我们多年的习惯会让你产生一种错觉，比如，你想把一条直线画向右面去，但是你的手却要向左边移去，等等。

同样的道理，如果你看到一个印章，会发现上面的字都是反的，如何才能知道印章的字是什么呢？只要对准镜子，从镜子中就可以轻松地读出来了。

小白听了之后，说："原来镜子也是这么奇妙的。"

爸爸说："这是因为镜子的反射原理导致的，是一种很正常的现象。"

物理小链接

如果有人拿着一个没有数字，只有刻度，对着镜子画出来的钟表，问你是几点，你想要正确地回答，只需要从纸张的后面看，或者从镜子中看，就可以知道正确的时间了。

透视眼——隔着墙壁看得见东西

这天，小白带来了一个很奇怪的玩具，好奇的同学纷纷凑上去。小白的玩具是一个管子，可以隔着不透明的物体清楚地看到后面的一切东西。即使隔着厚纸，还隔着两本厚厚的语文课本，小白还是能看到书后面的东西。

同学们争先恐后地要玩小白的玩具，小白高兴地说："一个个来，大家都有机会。"

小白的这个类似透视眼的玩具，在构造上并不复杂，管子里有四面装成45°倾斜的平面镜，把光线反射几次，这个光线就仿佛绕过了不透明的物体。

这一类东西在军事上得到了广泛应用。战士们坐在战壕里，可以不必把头探出战壕就能够望到敌人，他们只要向一架叫作"潜望镜"的仪器里望去就知道了。

潜望镜是利用了光的反射原理，用两块平行的平面镜，将光线两次镜面反射。每次反射的光都是平行光，只要在两平行镜间都应该可以看到。

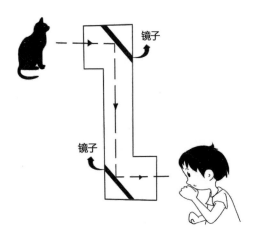

在潜望镜里，光线从走进潜望镜折射到观察的人的眼睛，这一段路程越长，潜望镜所能够看到的视界就越小。要把潜望镜的视界放大，就得装置一连串的镜片。但是玻璃是会吸收一部分光线，因此所看到的物体的清晰度会受到影响。这一点使潜望镜的高度受到一定的限制，最高只能达到20米左右；更高的潜望镜只能看到极小的视界和不清楚的景象，特别是在天气阴暗的时候。

不仅仅是在战壕里，潜望镜在海军中的应用更为广泛。

当潜水艇上的人员观测敌舰时，就会借助潜望镜。同样是一根长长的管子，上端露在水面上。这种潜望镜要比陆地用的那种复杂得多，但是原理却完全相同。

光线从装在潜望镜上端的平面镜（或三棱镜）反射过来，沿着管子向下，经过底部的平面镜反射以后，进入人的眼睛里。

物理小链接

了解了潜望镜的知识原理，我们就可以开动脑筋，自己制作一个简单的潜望镜，还可以和班里的同学们一起研究潜望镜的各种用途。

交通信号灯为什么是红、黄、绿三色的呢

爸爸开车载着小白和妈妈一起出去，路过一个红绿灯的时候，爸爸踩了刹车，等着路灯。

小白问："爸爸，为什么要有红绿灯？"

爸爸说："主要是为了让交通更畅通，给我们的日常生活带来方便快捷，防止出现堵车、塞车，并减少交通事故的发生。"

小白问："那为什么规定交通信号灯上有红灯、黄灯、绿灯？又为什么把红灯作为停车的命令呢？"

妈妈说："红色最鲜艳，人的眼睛对红色最敏感。"

妈妈说的可以算是其中的一个原因。人的视网膜含有杆状和三种锥状感光细胞，杆状细胞对黄色的光特别敏感，三种锥状细胞则分别对红光、绿光及蓝光最敏感。由于这种视觉结构，人最容易分辨红色与绿色。虽然黄色与蓝色也容易分辨，但因为眼球对蓝光敏感的感光细胞较少，所以分辨颜色还是以红、绿色为佳。

之所以用红灯作为停车的命令，还有一个更重要的原因是，红光在空气中的穿透能力强，照得远。

光在传播的过程中，其他颜色的光很容易被散射，在雾天里就不容易看

见；而红光最不容易被散射，即使空气能见度比较低，也容易被看见，不易发生事故，所以我们用红色表示禁止。

下面用实验进行证明。

道具需要准备一个用玻璃做成的透明鱼缸，少量的牛奶，一盆清水，一面镜子，一张中间有孔的纸张。

首先将清水倒入玻璃做的透明鱼缸内，在浴缸里注入少量牛奶，搅拌均匀使水混浊。在一个适当的角度放置一面镜子，利用镜子来反射阳光，在镜子与鱼缸之间，将中间有孔的纸张放好，使阳光通过纸片上的一个圆孔水平地穿过鱼缸。迎着光束观察，你会发现，光的颜色变成了浅红色。这说明，悬在水里的小牛奶滴把阳光里其他颜色的光散射掉了，只余下浅红色的光穿过来。

由于空气中弥漫着大量细小的灰尘，对光有一定的散射作用。但是对波长不同的光阻挡的情况不同。光是一种电磁波，波有绕过障碍物继续向前传播的能力，波长越长能绕过的障碍物的限度就可以越大。在七色光中，红光的波长最长，所以它们很容易"绕过"这些障碍物（如灰尘），而不被散射；而波长短的蓝光和紫光则容易被散射掉。

上面的实验中，你从侧面看光束是浅蓝色的就是这个原因。太阳落山的时候，我们看到火红的太阳，也是这个道理。太阳在落山时，光线是斜着穿过厚厚的大气层的，失去了大部分的蓝绿光，所以只剩下橘红色的光。

比红光的波长更长的光线，叫作红外线。这种光线更容易穿过大气层，不过肉眼看不见，人们可以通过仪器看到它。通过红外线可以"看"到其他行星表面的情况。天文学家用红外线望远镜可以知道关于这些行星表面的更多的情况。

小白听完之后，说："原来红绿灯还有这么深奥的知识在里面啊。"

爸爸说："我们生活中的很多知识都是有一定的原理在里面，并不是表面看到的那么简单。"

物理小链接

我们经常能够看到各式各样的激光笔，能够发出绿色的或者红色的光。这种光对人是有害的，不可以直射人体，尤其是眼睛，照射眼部有致盲的危险。

变幻莫测的花色

小白的妈妈买了一些有色的玻璃纸，这让小白非常高兴。每天他都会隔着不同颜色的玻璃纸去看各种各样的东西，欣赏那些在各色玻璃纸的作用下，变

幻出来的美丽的东西。

透过几层红玻璃纸看，一切似乎都变成红的了，透过绿色的玻璃纸看，就是一个绿色的世界。

小白问爸爸是怎么回事，爸爸说："这是各种色彩的性质决定的。"

正如小白的爸爸所说的那样，颜色的变化是由各种色彩本身的性质所决定的。

太阳光是由红、橙、黄、绿、蓝、靛、紫七色光组成的，各种色光有自己与众不同的性质。

比如，在房间里放上各种各样的花卉，当太阳光照进来时，我们会感到满眼的五彩斑斓。如果我们拉下窗帘，房间里立刻就漆黑一片。此时，当我们打开红灯时，我们仅会看到红花，因为只有红花反射红光，其他颜色的花都将红光吸收了。同样，打开黄灯时，我们只会看到黄花。

做完这个实验，我们就会得出这样一个结论：只有集各种单色光于一体的太阳光照射时，我们才会感受到绚丽，才会看到全部。我们看见太阳光为白色，因而说它是"白色光"，其实，太阳光是由各种不同颜色的色光所组成的。

光具有"波"的性质，比如说，水波、声波等都是波。阳光中所包含的各种色光之所以显示不同的颜色，其实是它们的"波长"不相同的缘故。所谓波长，是指一列波的一个最高点与下一个最高点之间的距离。就光显现的颜色而言，按照红、橙、黄、绿、蓝、靛、紫的顺序，光的波长依次越来越短。

有色玻璃纸又叫滤色片，它只让一种颜色的光通过。比如，绿色镜片只允许绿光通过，其他颜色的光被挡住，实际上是被吸收了；透过红色镜片射出的大部分是红光，红光不能透过绿色的镜片，透过绿色的镜片看到的红花是黑色的，但是通过绿色的玻璃片看绿叶，绿叶就变得更鲜亮了。这是由于绿色的光全部透过来，而其他颜色的东西都呈暗黑色，故显得特别亮。

由于光的这些独特性质，当通过红色玻璃片观察花时，我们可以看到，纯红的花白得发亮，绿色的叶子完全是黑色；青紫色的小花变黑了，和变黑的叶子混在一起，几乎找不到；而那些黄色的、玫瑰色的、淡紫色的花都不如原来鲜艳了。

如果通过一块绿色的玻璃片观看花，则会看到绿叶更鲜亮了；黄花和淡蓝色的花稍微有点发白；红花是墨黑的；淡紫色和粉红色的花变成灰色的。

如果通过蓝色的玻璃片看，红花、黄花变成了黑色，白花更加明亮，浅蓝和深蓝的花几乎和白花一样鲜亮。

物理小链接

我们经常看到一些摄影爱好者在摄影的时候，为了拍下蓝天上的白云，常常在镜头前面加一个黄色的玻璃片，这是因为蓝天和白云都发出明亮的光，在底片上强烈感光，印出的照片上天空背景是一片灰白，分不出是云还是蓝天，加上黄色的滤光片以后，蓝色的天空变暗了，因为大量的蓝光被挡住，白云却暗得不多，所以蓝天的背景上白云显得很突出。

第6章　奇妙的电学

　　电是一个一般术语，包括了许多种由于电荷的存在或移动而产生的现象。这其中有许多生活中的现象，像闪电、静电等，还有一些比较生疏的概念，像电磁场、电磁感应等。

　　你知道毛衣上有高压电吗？

　　你知道什么是高压电和低压电吗？

　　你知道……

　　这一章就带你认识复杂的电学世界。

毛衣上也有高压电

　　小白晚上脱衣服睡觉，当脱毛衣的时候，他居然听到了"啪啪"的声音，并看到闪烁的火花，这着实让小白吓了一跳。

　　"爸爸妈妈，这是怎么回事啊？"小白冲进了爸爸妈妈的卧室，将这一切告诉了爸爸妈妈。

　　爸爸说："这是静电现象，很正常的。"

　　在干燥的冬、春季节，晚上睡觉之前，关掉灯，在黑暗中脱掉毛衣的时候，就会看到闪烁的火花，还伴随着"啪啪"声，这是由于摩擦引起的人体静电和放电现象。不仅如此，生活中有的时候当我们的手指触及金属门把手、金属椅背等金属器物或两人互相触及时都有电击感。

　　冬天，特别是在天气干燥的时候，有时两个人无意之中手指相碰，会感到被电发麻，这是由于摩擦引起的人体带静电和放电的现象。

　　这些电是从哪里来的呢？

　　这是正电和负电发生中和时产生的，物理学上叫作火花放电。那"啪啪"声就是放电的时候发出的声音，这和夏季天空中电闪雷鸣是同一类现象。

　　由于人体在活动时，身上不同材料的衣服互相之间发生摩擦，比如，挤公共汽车时人与人拥挤摩擦，都会使人体带上大量正电荷或负电荷。由于这时空气通常很干燥，地面也非常干，大家脚上都穿着绝缘良好的橡胶、塑料底鞋，

身上的这些电荷很难释放到地上去，越积越多，逐渐形成很高的电位。

　　大自然中，一切物质都是由带正电的原子和带负电的核外电子组成的。一般情况下，一个物体所带的正负电相等，彼此中和，电的性质并不显现出来。当两个物体互相摩擦的时候，带负电的电子容易从一个物体跑到另一个物体上去。失去一部分电子的物体就带正电，有多余电子的物体就带负电。毛衣与其他衣服发生摩擦的时候，带正电的物体和带负电的物体摩擦到一定程度的时候，正负电荷电由于强大的吸引力会穿过空气的阻碍中和在一起，产生火花和声音。

　　发生了这种电子转移的过程，就发生了放电现象。

　　不要小看这些生活中常见的放电现象，那一瞬间的电压可以达到几万伏，而生活中我们使用的电压却只有220伏左右，衣服摩擦产生的电压是名副其实的高压电。

　　不过你不用害怕，这些电对人体不会有什么危害，因为这个几万伏是静电

压，不具备持续性，所以几万伏在一瞬间就放掉了，自然不会产生持续的电流，但是瞬间的电流还是很高的。

比如，干燥的天气中，当你手握金属门手柄的瞬间时，常常会产生小火花，有时甚至使你疼得跳起来，这就是"触电"了。

但这种现象在潮湿的天气不会发生，因为在潮湿天，即使有电荷也会通过潮湿的地板和空气逸散掉了，所以人身上不会有静电。

小白想了想，说："如何预防这些静电呢？"

爸爸说："尽量穿纯棉衣服，另外常洗手、洗脸、洗澡也能消除人体表面聚积的电荷和带电尘埃。"

物理小链接

冬季，在暖烘烘而又静悄悄的屋子里，你用塑料梳子梳非常干净的头发时，经常能听到头发上有轻微的噼啪声，头发随着梳子飘舞，怎么梳都梳不整齐，这就是静电现象。要消除静电，只需要将梳子沾一下水，然后再梳就能理顺头发了。

螺旋状的日光灯

为了响应节能省电的号召，爸爸将家里的白炽灯都换成了日光灯，小白觉得非常奇怪。

"爸爸，为什么日光灯比白炽灯省电呢？它们不都是一样可以照明吗？"小白问。

爸爸回答说："虽然同样都能照明，但白炽灯是靠电流通过钨丝产生高温达到白炽状态发光，许多电能转化成热能。而日光灯产热少，所以节能。"

日光灯两端各有一条灯丝，灯管内充有微量的氩和稀薄的汞蒸气，灯管内壁上涂有荧光粉，两个灯丝之间的气体导电时发出紫外线，使荧光粉发出柔和的可见光。

白炽灯是将电能转化为光能以提供照明，它的工作原理是：电流通过灯丝，灯丝的成分是钨，熔点很高，可以达到3000多摄氏度。电流通过时，产生热量，螺旋状的灯丝不断地将热量聚集，使得灯丝的温度达到2000摄氏度以上，灯丝在处于白炽状态时，就像烧红了的铁能发光一样而发出光来。灯丝的温度越高，发出的光就越亮。故称之为白炽灯。

然而，从能量的转换角度看，白炽灯发光时，大量的电能将转化为热能，只有极少的一部分可以转化为有用的光能。

这也是日光灯为什么比白炽灯省电的原因。

小白点点头，说："那我们以后去爷爷奶奶家的时候，也将他们的白炽灯换成日光灯吧。"

爸爸点点头。

爸爸继续引导小白："你看，我们以前用的白炽灯和现在用的日光灯有什么一样的地方？"

小白看了看，说："白炽灯里面的灯丝是螺旋状的，而日光灯里的灯丝也是螺旋状的，为什么啊？"

爸爸说："你观察得非常仔细。"

不管是日光灯还是白炽灯，它的结构都是由灯丝、支架、引线、泡壳和灯头等组成的。小功率的灯泡，主要指功率在40瓦以下的，大功率的灯泡内部充满氩、氮或氩氮的混合气体，这些气体称为惰性气体。

惰性气体，又称钝气、稀有气体、贵重气体。由于它们固有的特征，不容易与其他元素化合，而仅以单个原子的形式存在。因而在常温下，它们都不会液化。

这些气体可以有效地抑制灯丝的蒸发，延长灯泡的寿命，或在维持相同寿命的条件下，提高灯丝的温度从而提高发光效率。但是灯泡内充入气体后，热传导和热对流的作用将使灯丝的功率损失一部分，因此，对于小功率的灯泡充气，其效果是得不偿失的。

灯丝的材料是钨丝，把它加工成单螺旋、双螺旋及多重螺旋等形状，做成螺旋状，相对减少与外界的接触面，使发光体更为集中，不利于散热，使热量较集中，这样能最大限度地将电能转化为光能，从而减少气体的热传导损失，提高发光效率，以达到照明的目的。

小白听了之后，说："原来小小的灯泡还有这么多的科学知识呢。"

物理小链接

观察家庭用的白炽灯和日光灯、广场上用来照明的高压水银灯和高压钠灯、用来装饰做广告的彩色霓虹灯，你会发现，除了霓虹灯没有灯丝外，其他灯都有灯丝。

摩擦起电

小白和同伴玩耍的时候，一不小心将家里的一个纸盒子打翻了。纸盒里全都是一些零星的碎纸片，撒了一地。

小白赶紧用手去捡，可是纸片太小了，捡起来非常费劲，他只好向爸爸求助。

只见爸爸从书房里拿出一把很大的塑料尺，在衣服上擦了几下，然后放到纸片上面，那些纸片像着了魔一样，全部被吸附到那把尺子上了。

待清扫完之后，小白赶紧问爸爸是怎么回事。

爸爸说："这叫摩擦起电。"

用摩擦的方法使两个不同的物体带电的现象，叫摩擦起电。

在物理学中，摩擦的本质就是一个物体的某个表面与另一个物体的表面相互接触，在接触时，一个物体中的分子必然与另一个物体中的分子近距离地相互作用。发生摩擦时，一个物体的分子必然会碰撞另一个物体的分子，在碰撞过程中分子的运动就会更加剧烈起来，也就是物体更热了。而分子间撞击得激烈的话，就可能把原本束缚在原子里的外层电子撞出来，这个撞出来的电子还可能跑到另一个物体上，这就是摩擦起电。

根据原子理论中，不同物质的原子束缚电子的能力大小不同，非导体的原子束缚电子的能力强，几乎所有的电子都被束缚在单个原子或单个分子的内部，没有可自由移动的电子。当有外电场时，外电力一般不足以使束缚的电子跑出来，于是就无电流通过。

像上文中的爸爸一样，将尺子在衣服上摩擦几下，尺子就带有电子，就能够吸附质量较小的碎纸屑。

做一个比较简单的实验，把两个气球吹鼓，用棉线系好，吊起来。用一件干燥的毛皮去摩擦其中一个，使它带电以后，将两个气球放在一定的范围内，你会发现两个气球互相吸引。但是如果你用同一件干燥的毛皮一同摩擦它们，再将它们放到一起，你会发现它们会相互排斥。

这是为什么呢？

这是由于电荷间的相互作用：同种电荷互相排斥，异种电荷互相吸引。

两个气球同样与纯羊毛衫发生摩擦，带有同种电荷，这时将它们放在一起，势必会互相排斥。

18世纪中期，美国科学家本杰明·富兰克林经过分析和研究，认为有两种性质不同的电，叫作正电和负电。物体因摩擦而带的电，不是正电就是负电。

物理学上规定：与用丝绸摩擦过的玻璃棒所带的电相同的，叫作正电；与用毛皮摩擦过的橡胶棒带的电相同的，叫作负电。

另外，任何两个物体摩擦，都可以起电，只是电流的强弱不同而已。

 物理小链接

大自然中，常见的雷电是一种自然放电现象。夏季，高空中有云团在不断运动，云团交错运动，相互摩擦，从而产生大量的电荷，形成电场。由于同种电荷相互排斥，所以正电荷与负电荷分别聚集到云的两端。积云所带的电达到一定程度时，就会穿过空气放电，使两种电荷发生中和并产生火花，这便是雷电现象。因为空气的电阻不均匀，电前进的形状大多曲曲折折，形成像树枝一样的光带，这就是闪电。而放电使空气振动发出声音，就是雷声。

高压电与低压电

家里新买了一台电视机，这下小白可高兴坏了，他围绕电视机不停地转。

无意间他看到了电视机的后盖上标有"小心高压"的字样。

小白问爸爸："为什么电视机后盖上会有'小心高压'呢？"

爸爸回答说："因为电视机在工作的时候，显像管上要加上一万多伏的高压电，就是关掉电视机以后，高压电也不会立即消失。这是在提醒用户注意安全，不应该独自打开电视机的后盖。"

小白又问："什么是高压电？"

伏是电压的单位。在电力系统中，36伏以下的电压称为安全电压，一千伏以下的电压称为低压，一千伏及以上的电压称为高压。

我们生活中常用的电压是220伏，家用电器中的照明灯具、电热水器、取暖器、冰箱、电视机、空调、音响设备等均是220伏。

高压电的破坏力究竟有多大？

高压线产生的磁场在一定范围内对人体有危害，表现在对中枢神经的损伤和导致肌肉能力障碍。

我们经常能够看到一些架空电力线路保护区，就是为了保证已建架空电力线路的安全运行和保障人民生活的正常用电而必须设置的安全区域。

当你晚上从身上脱下毛衣的时候，你的身体上就会带上比一万伏还高的电压。身上带的电压，是摩擦带电造成的，和电视机显像管上带的电性质完全是一样的，但是对人体不会有什么伤害。因为摩擦起电虽然电压很高，但是电量很小。放电的时候，流过人体的电流很小，所以不能造成危害。

小白听了之后，说："原来那个标志是为了提醒我们要注意安全的。"

警告 WARNING

AC 220V

小心有电

爸爸点点头，继续说道："在我们的生活中，经常能够看到各种各样的关于高压电的警示标语，看到警示标语，就一定要遵照警示标语行动，不然会发生危险。"

小白认真地点点头。

物理小链接

市场上出售的一些防身用的高压电棒，原理正是高电压电击而非高电流，电棒内部经过多次高压电路造成电压累加并且在电极间放电，其实高压电棒的电力并不强。只是因为高电压可以造成瞬间麻痹的作用并产生剧痛。因为高电压会破坏空气的绝缘，所以会在电极间造成闪光及声响，如同打雷的原理一般。

左邻（零）右舍（火）——
火线与零线

为了满足小白对电的好奇心理，爸爸给小白买了一只电笔，没事的时候，小白就会在爸爸的指导下，对家里的一些插孔进行测试。

第一次测试的时候，小白心中就充满了疑问。

小白说："爸爸，为什么电笔插进去的时候，有一个孔是亮的，另外一个孔是不亮的，这是为什么呢？"

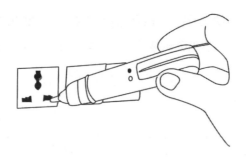

爸爸说："亮的那个是火线，不亮的那个是零线。"

在家庭中，如果拆开插座就可以看到，插孔内部会有两个标记，一个是L标记，一个是N标记，标有L标记的点是接火线的，N标记的是接零线的。家里用的电压是220伏的电，也叫单相电，有两根线，一根火线，一根零线。

火线和零线的区别在于它们对地的电压不同：火线对地的电压等于220伏；零线对地的电压等于零。火线经过家用电器，如灯泡后经零线形成回路，电器才能正常工作。

单相照明电路中，一般红色电线是火线，蓝色电线是零线，也有些地方使用红色电线表示火线，黑色电线表示零线。

火线是带电的，零线是不带电的，家用两插孔的插座里有一根火线，一根零线，用电笔能测出，亮的就是带电的火线，不亮的就是不带电的零线。

另外，家用插座里各孔的接线位置是有规定的，如果拆开插座就可以看到，标有L标记的点是接火线的，N标记的是接零线的。为了方便记忆，有一个成语是左邻右舍，用它的谐音"左零右火"，就是左边是零线，右边则是火线，这是相对于插座而言的。不懂的人千万不要乱接，否则可能会造成严重后果。

除了火线和零线外，还有一根线，称为地线，用来将电流引入大地的导线，比如，电气设备漏电时，电流通过地线进入大地。

目前，家庭中使用的电源插座大多是单相三线插座或单相二线插座。单相三线插座中，中间为接地线，也作定位用，另外两端分别接火线和零线，凡外壳是金属的家用电器采用的都是单相三线制电源插头。

有的人误以为零线就是地线，把家用电器的地线和零线接在一起，那么火线在和零线形成回路的同时也和家用电器的外壳形成回路，使外壳带电，尤其是在零线因故障已断开而电源插座接地又不好的情况下更容易触电。

明白了这些之后，小白又懂得了一些电的知识。

物理小链接

地线测试有严格的要求，一般来说，增设地线非常麻烦，应在建筑时专门埋设。如今的家庭中，把电器的地线接到水管或者暖气管上，这种做法并不能起到地线的作用，因为一旦有人将线接错，将引起不良后果。

裸露的高压输电线

和爸爸从马路上经过的时候，小白看到路边整齐的电线，不禁感叹起来。

"爸爸，路边的电线真壮观啊。"小白说。

"那是高压输电线，我们平时用的电都是通过这些线传过来的。"爸爸说。

"这些电线都是用什么做成的？"小白问。

一般来讲，许多高压输电线是多股绞线拧成的，中心是钢线，钢线的周围是铝线。之所以这样，是因为在导线长度一定的情况下，要使导线的电阻小些，应该尽量采取性能良好的材料做导线，还应该使导线更粗一些，所以高压

线由多股绞线拧成，以增大横截面积，减少电阻。

电阻，通俗地来讲，是物质对电流的阻碍作用。电阻小的物质称为电导体，简称导体。电阻大的物质称为电绝缘体，简称绝缘体。

由于高压线导线太粗，就需要有较大的机械强度，所以高压线中心是机械强度大的钢线，使输电线不易拉断；钢线的周围是铝线，它不仅导电性能好，而且密度小，使输电线不会太重。

按绝缘状况分为裸电线和绝缘电线两大类。

我们知道，工厂和家庭用的大多是交流电，都要从发电厂通过输电线传送。远距离输电都采用高压输电方式，一般用11万伏、22万伏的高电压进行传送。

这样高的电压输电线通常架在钢塔或者又粗又高的混凝土杆塔上，而且这些导线都是裸线，也就是说，导线的外面都没有包上绝缘外皮，因此，它们之间需要绝缘。

也许你会有疑问，导线的外面没有包上绝缘外皮，如何进行绝缘呢？

其实在一般情况下，空气是最好的绝缘材料，空气中没有电流赖以传播的介质，所以无法进行传播。因此，我们才把输电线吊在空中。

另外，在每一根电线和塔杆之间，都会有一个瓷制的绝缘子，每一个绝缘子能承受一定的电压，如输电电压是11万伏，一般要用7～8个绝缘子组成串。

如果电压更高，绝缘子串就要用更多的绝缘子。因此，我们可以从绝缘子串的绝缘子数来判断电压的高低。

小白问："那么高压输电线能埋设在地下吗？"

爸爸说："高压输电线能埋设在地下。但在野外都采用高架，原因是安全和成本，如果埋在地下，安全性无法在数千公里的长度得到保证。另外，电压比较高，架空线只需加大线之间的距离，利用空气进行绝缘。埋地下则需要设置很厚的绝缘层，成本将会很高。"

小白问："那下雨天的时候，我们如果走在高压线下面岂不是会触电吗？"

爸爸说："一般来讲是不会触电的，因为雨是一个个'不连接'的雨滴，不会形成电流的通路，但是如果水形成一条'水柱'，那就会形成电流通路而发生危险了。因此，下雨天应尽量远离高压线。"

小白点点头。

物理小链接

每次到阴天或者下雨天的时候，路上的高压线塔附近的电线就会发出吱吱的声音，这是因为高压绝缘子串瓷瓶表面脏了。阴天或者下雨天时，空气湿度大，瓷瓶表面上的脏东西受潮，绝缘度下降。高压线沿绝缘子表面发生放电时，就会发出吱吱的声音，还可以看见有微弱的弧光。因此，下雨天或者阴天的时候，人要远离高压线。

人为什么会触电

>>>>>>>>>>>

　　小白拔插销的时候，一不小心手碰到了插座孔，被电了一下，吓得小白"啊"的一声。爸爸赶紧把插座断了电源。

　　小白问："爸爸，我怎么会触电呢？"

　　爸爸说："你碰到了电源，当然会触电了。"

　　说起触电，先要说两个定义，导体和绝缘体。

　　导体是容易导电的物体，不容易导电的物体叫绝缘体。这里需要解释一下，容易导电与不容易导电并不是能不能导电，容易导电的物体遇到特殊情况也可能会不容易导电，同样的道理，不容易导电的物体在遇到一定的状况时，也会导电。比如，水是导体，但是当水温达到沸腾之后，则不容易导电；一个木棍是绝缘体，但当它变潮湿的时候，会容易导电，变成导体。

　　人的身体是一种导体，能够传电。

　　由于人的身体能传电，大地也能传电，如果人的身体碰到带电的物体，电就会通过人体传入大地，于是引起触电。但是，如果人的身体不与大地相连，比如，穿了绝缘胶鞋或站在干燥的木凳上，电流就形不成回路，人就不会触电。举个例子，这就好比自来水一样，关了水龙头，水就无法流通。

　　另外，如果人站在地上左手单手触电，电流就会经过身躯的心、肺，再经左脚入地，这是最危险的途径。如果是双手同时触电，电流途径是由一只手到另一只手，中间要通过心肺，电路形成一个回流，这也是很危险的。如果是一

只脚触电，电流途径是由这只脚流入，从另一只脚流出，危险性同样有，但对人体的伤害要比以上两种途径轻一些。

当通过人体的电流超过人能忍受的安全数值时，肺便会受到伤害，停止呼吸，心肌也会失去收缩跳动的功能，导致心脏的心室颤动，"血泵"不起作用，全身血液循环停止。血液循环停止之后，引起细胞组织缺氧，在15秒钟内，人便失去知觉；再过几分钟，人的神经细胞开始麻痹，继而死亡。

人触电伤害程度的轻重，与通过人体的电流大小、电压高低、时间长短以及人的体质状况等有直接关系。我国规定36伏及以下的是安全电压。超过36伏，就有触电死亡的危险。另外，触电时间越长，危险性越大。因为触电者无法摆脱电源时，肌肉收缩能力会很快下降，进而心力衰竭、窒息、昏迷休克，乃至死亡。对一般低压触电者的抢救工作，如果耽误的时间超过15分钟，便很难救活了。

小白说："原来电这么危险啊。"

爸爸说："是的！这就需要你们平时认真学习安全用电知识，提高自己防范触电的能力，不进入已标有电气危险标志的场所。不乱动、乱摸电器设备，特别是当出汗或手脚潮湿时，不要操作电器设备。"

小白认真地点点头。

物理小链接

鸟儿在电线上不会触电，是因为小鸟的两脚是站在同一根电线上，所以两脚间没有电压，电也就在小鸟身上产生不了回流，所以鸟儿在电线上不会触电。

让人惊奇的小魔术

>>>>>>>>>>>

在班级的小组活动课上，老师提出让每一小组的同学表演一个魔术。轮到小白所在小组的时候，小白跃跃欲试。

只见他将一个酒瓶用一个塞子塞上，在塞子的中间有一根粗铜丝，一头露出来，一头伸到瓶子里，并在顶端弯一个小圆圈，在小圆圈上固定上两个铝箔纸片。

接着，小白拿出一把梳子，说："我只要将这把梳子放在瓶口上，就可以让里面的铝箔纸自动张开。"说完之后，小白慢慢地将梳子靠近瓶口。果然，瓶子里面的铝箔纸自动张开了，同学们大吃一惊。小白的"魔术"赢得了同学们的阵阵掌声，小白所在的小组也因此获得了这次活动的一等奖。

其实，小白的魔术只是一个简单的验电器。

在我们的生活中，一个物体带电不带电，单用眼睛是看不出来的，这需要用一个仪器来帮助检验。这个仪器叫作验电器，它的构造并不复杂，小白的魔术就是一个简单的验电器。

一个验电器需要以下几种工具：一个干燥的酒瓶，一个软木塞或硬纸板做的盖子，一根粗铜丝，一个装有锡纸的香烟纸盒，一把塑料梳子。

步骤如下：

（1）先将软木塞子或者硬纸做成盖子，用粗铜丝穿一个孔。

（2）将粗铜丝一端弯曲。

（3）将香烟纸盒里的锡纸撕下两个长约3厘米的纸片，固定在铜丝弯曲处。

（4）将固定好锡纸的铜丝放进瓶内，用盖子固定好。

（5）将梳子用力地摩擦几次，利用摩擦起电的原理使梳子带电。

将这把梳子和露在瓶口的铜丝接触一下，如果梳子带电，电会通过铜丝传到瓶内的两片铝箔上，使它们同时带上同种电荷。由于同性相斥，所以铝箔要张开。如果这个物体没有带电，两片铝箔就会自然下垂，是合着的。

同样的道理，利用验电器还可以检验带电体带上去的电荷种类。比如，用丝绸摩擦尺子，尺子带正电。把尺子和验电器上的铜丝接触，铝箔张开，验电器上就带正电。

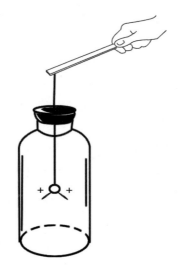

物理小链接

生活中，我们常见的测电笔是电工经常使用的工具之一，用来判断物体是否带电。

它的内部构造是一只有两个电极的灯泡，泡内充有氖气，俗称氖泡，它的一极接到笔尖，另一极串联一只高电阻后接到笔的另一端。当氖泡的两极间电压达到一定值时，两极间便产生辉光，辉光的强弱与两极间电压成正比。当带电体对地电压大于氖泡起始的辉光电压，而将测电笔的笔尖端接触它时，另一端则通过人体接地，所以测电笔会发光。测电笔中电阻的作用是用来限制流过人体的电流的，以免发生危险。

第7章　探索声音和听觉的世界

声音的世界里，充满了各种各样复杂的知识。声音是以声波的形式传播，通过固体、液体、气体传播形成的运动。

你知道什么是腹语术吗？

你知道声音有超声波和次声波吗？

你知道声音可以当作尺子用吗？

你知道……

这一章就带你学习声音方面的知识。

声音的速度

　　小白和爸爸一起在阳台上观看远处的烟花，五彩斑斓的烟花使小白看得如痴如醉。

　　有一个烟花在空中散开，发出美丽的光芒，然后传来了"轰"的声音，是烟花炸开的声音。

　　"咦？爸爸，我为什么先看到烟花爆炸，然后才能听到声音呢？"小白问。

　　妈妈笑着说："那是因为你的耳朵在眼睛的后面。"

　　爸爸也笑了，说："这是因为声音在空气中传播的速度比光慢，所以是先看到烟花后听到声音。"

　　这种现象在生活中非常常见，如果你放烟花的时候，与烟花的距离保持适中，这个时候，你看见烟花爆炸开来的时候，恰好也能听见声音。若你离得很远看别人放烟花，声音和爆炸的时间似乎又不一致了。

　　这个奇怪的现象是由声音的传播速度和光的传播速度的不同造成的。光的速度比声音的速度大近百万倍。光使你几乎在烟花炸开的同时就看见烟花散开的动作，等到空气把爆炸的声音传到你耳中的时候，烟花已经快要消失了。

　　声音的传播速度受到很多因素的影响，其速度的大小因赖以传播的介质而异。一般说来，声音的传播速度在固体中比在液体中快，在液体中又比在空气中快。空气中的音速，在标准大气压的条件下约为340米/秒，或1224千米/小时。音速的大小会随大气温度的变化而变化，在对流层中，高度升高时，气温下降，音速减小。在平流层下部，气温不随高度而变，音速也不变，为295.2米/秒。空气流动的规律和飞机的空气动力特性，使飞机的飞行在飞行速度小于音速和大于音速的情况下，具有质的差别。

声音的传播速度虽然比光传播得慢，但是声音可以通过液体和固体传播。比如，潜水员在水底下也能够听到各种各样的杂音，古代的士兵睡觉的时候会枕着箭筒，人在河边走路的声音会吓跑岸边的鱼，等等。

你拿一根铁棍，把耳朵贴紧铁棍的一端，让你的同伴把耳朵贴近铁棍的另一端，你用手指敲打铁棍，这时声音能够清楚地传到同伴的耳朵里。我们经常能在战争片中看到有人趴在铁轨上，就是为了探听火车是否到来的声音。

大自然中，任何一种波都不能像声波这样能穿过任何物质，工程上常用声波来研究地质结构。

小白听完之后，说："原来并不像妈妈所说的是因为耳朵在眼睛的后面呀，妈妈是在和我开玩笑呢。"

物理小链接

声音可以在固体、液体中传播，但是声音遇到松散的、柔软的、有弹性的材料就传播得不好了，因为它们把声音吸收了。因此，我们经常看到很多人在门上挂一个厚门帘，就是为了不使声音传到隔壁房间去。隔音的门也往往蒙着一层很厚很软的材料，就是为了吸收声音的波，起到隔音的效果。

回音之中大有文章

小白和爸爸一起去爬山，站在山脚下，看到妈妈落在很远的地方，小白禁不住大喊了一声："妈妈，加油！"

这个时候，一个清晰的声音传来：妈妈，加油！

小白愣愣地看了看，说："爸爸，山里面有人学我说话？"

爸爸笑了，问："是吗？那你再试一下。"

小白又喊了一句："妈妈，加油！"

然后，同样一个清晰的声音传来：妈妈，加油！

小白有点生气地说："他又学我了。"

爸爸笑着说："这是回音。"

声音是以波的形式进行传播的，波在前进的道路上，在遇到阻碍时就会被反射回来，所以你常常能听到回音。

如果你站在一个开阔的地方，在你的正前方200米处有一座大山或者一幢房子，这个物体能把你发出的声音反射回来。你大声地喊一声，声音跑了200米之后，遇到了障碍物，比如大山或者房子，就被反射回来，再传到你的耳中，这就是回音。

你听到的回音其实是自己的声音。

说到回音，不能不讲一下回音的速度。

我们知道，声音在空气中的传播速度大约是每秒340米，声音在200米的距离上一来一回一共是400米，所以约需1.1秒。

你大喊一声，声音持续的时间很短，还不到1秒。这就是说，在回声还没有到达之前，喊声已经消失了，所以两者不会融合在一起，可以分别听得很清楚。

平时的生活中，是不需要回音的，更多的时候，甚至还需要想办法去解决回音的问题。

妈妈，加油！

在平常说话时，普通的播音员一分钟能说两百字左右，也就是说一个字的时间不会超过三分之一秒，声音的速度是340米/秒，0.1秒的声音传播了34米，人要听到回声至少相距0.1秒以上，也就是说需要超过17米，才能听到回音。在17米以内，是无法区分出回音的。

然而，一些普通的大厅、演播厅的内部，观众与表演人员之间的距离会远远超过17米这个距离，如何在大厅里避免回音呢？

以人民大会堂作为例子，人民大会堂是20世纪50年代建造的，当时是世界上最大的会议场所。如对回音不作处理，各个回声互相干扰，根本就没办法开会。为了消除回音，设计者在设计的时候，将墙壁做成了凸凹不一的形状，声音在传播的过程中，遇到障碍物反射，因为墙壁凸凹不平，声波反复反射，声音的能量损失了，让声音的"波"无法正常反射回去，同时，墙壁上的材料都是柔软性的材料，吸声效果好。另外，在大会堂中央布置了很多高科技的消声设备，将回音的问题彻底解决了。

小白听了之后，说："原来回音这么好玩啊。"

紧接着，小白对着大山使劲地喊了一声："妈妈，加油！"

小白回头看的时候，妈妈正在冲自己招手呢。

物理小链接

在以前很多剧院都有一种设备，台前提词用的台词厢。并且所有剧院的台词厢都是同一形状的。原因是，台词厢的本身等于一种声学仪器。台词厢的拱壁等于一个声音的凹面镜，它起着两种作用：阻止提词的人发出的声波传播到台下观众处，同时还把这些声波反射到舞台上。

用声音做标尺

>>>>>>>>>>>

小白知道了回音的原理之后，爸爸引导性地问他："小白，你知道了回音的原理之后，能不能说出回音有什么用？"

小白想了想，说："我可以从这里测出到前面那座山的距离。"

爸爸问："怎么测量？"

小白说："根据声音传播的速度和接收到回音所用的时间，就可以测出距离了。"

爸爸说："很聪明！"

其实回音在生活中的用途还有很多。

20世纪初，由英国白星航运公司制造的一艘巨大豪华客轮，是当时世界上最大的豪华客轮，被称为"永不沉没的客轮"或是"梦幻客轮"。然而，这艘号称"永不沉没的客轮"在第一次航行中，因为跟冰山相撞沉没了在了北大西洋中，几乎全部乘客遭了难。

为了保证航行的安全，人们想在浓雾里或者夜里行船的时候，探测出前方的状况。

经过科学家的研究，回音被正式利用在航海中，利用回声的原理来发现前进的路上有没有冰山。可惜的是，这个方法并没有成功，但是却引出了另外一个想法：利用声音从海底的反射来测量海洋的深度。

具体的方法是：在船的底舱里靠近船底的地方安装一个有声装置，能够发出较大的声音，这个声波穿过水层到了海底，反射以后的回声折回到水面上

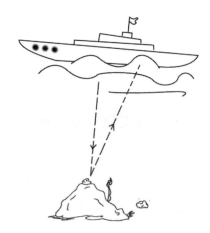

来，由装在舱底的灵敏的仪器接收下来。一只准确的测时计测出了发出声音和回声到达相隔的时间。我们已经知道了声音在水里的速度，就很容易算出反射面的距离，换句话说，就是测出了海洋的深度。

科学家使用这个方法测量海底的深度，同时还能够通过这种方法测量海底的地形状况，为海底的探测做出了贡献。

如果说深海深度的精确测量对于海洋学有重大意义，那么，在浅水的地方进行又快又精确可靠的探测工作，是对于航海有真正帮助的，这可以保证航行安全：由于回音测深器的帮助，使得船只能够大胆而且很快地向岸靠近。

在现代的回音测深器里，已经不是用一般的声音，而是用非常强的"超声波"，是人的耳朵听不到的声音，它的频率大约每秒几百万次。这样的声音是从放在很快交变的电场里的石英片（压电石英）振动产生的。

物理小链接

回音不仅可以用来勘探海底的地形，还能够进行石油勘探。在地面上埋好炸药包，放上一列探头，把炸药引爆，探头就可以接收到地下不同层间界面反射回来的声波，从而探测出地下是否有油矿。

用瓶子奏响美妙的音乐

小白看到电视节目上有一个嘉宾，用几个汽水瓶子演奏出很好听的音乐，让他羡慕不已。

小白说："爸爸，那个人真厉害，居然可以用汽水瓶子当乐器。"

爸爸说："的确很厉害。"

小白接着问："瓶子为什么能演奏出好听的音乐呢？"

爸爸将小白带进厨房，从一堆餐具中拿出碟子、碗等各种餐具，让小白逐个敲打。

逐一敲打之后，爸爸问："它们发出的声音一样吗？"

声音是由震动产生的，由于敲打不同的东西而产生的震动不同，从而会发

出不同的声音。声音就是由于物体震动而产生的，产生的震动不同，声音就会不同。

同样的道理，敲打普通的汽水瓶子，同样能够产生声音。如何才能让同样的瓶子产生不同的声音，这需要改变瓶子的震动频率，从而改变瓶子产生的声音。

具体的操作过程是这样的：

在两张椅子上，横放两根竹竿，上面分别悬挂8个普通的瓶子。自上而下，自左而右，第一个瓶子几乎装满水，第二个瓶子里的水比第一个瓶子略少一点，按照次序，一个比一个少一点，最后一个瓶子装的水就是最少的一个。

用干燥的木棍敲击瓶子，就会发出高低不同的声音。水越少的瓶子，发出的声音越高。仔细调整瓶子中的水量，就能使它们发出的声音组成一组八度音阶。

然后，我们就可以用这些乐器演奏一些简单的打击乐曲了。

同样的方法，还可以通过吹的方式来验证。

将8个同样质量的瓶子放在桌子上，第一个瓶子几乎装满水，第二个瓶子里的水比第一个瓶子略少一点，按照次序，一个比一个少一点，最后一个瓶子装的水就是最少的一个。然后用嘴对着瓶口吹气，瓶子会像螺号一样发出低沉的呜呜声。而且你会发现，瓶子里的水越少，发出的声音越低，瓶子里的水越多，发出的声音越高，正好和敲击瓶子的顺序相反。这是由于发声的原理不同。打击瓶子的时候，声音是由于玻璃瓶和水的振动产生的；而吹瓶子的时候，声音是玻璃瓶的空气振动产生的。

但不管怎么样，原理都是一样的，改变物体的震动方式和频率，从而能够改变物体的声音。

小白说："那我是不是也能够通过这种方式演奏出音乐呢？"

爸爸说："当然可以，但是你需要不断地练习和琢磨，毕竟想练成这种绝活也需要付出努力。"

小白点点头。

物理小链接

音调是指声音频率的高低，音色是指声音的好坏，有无杂声混杂其中。我们经常看到家长在买碗的时候，会轻轻地敲击瓷碗，主要是检查有无裂痕。声音越清脆纯正越好，也就是音色越纯正越好。

一般的用具，如有裂纹，经敲击是可以听出来的，就与工人拿个小槌敲击铁轨来检查有无断裂是同样的道理。

你能准确辨别声音的来源吗

一家人正在吃饭，突然听到远处传来了一个很大的声音，小白赶紧跑到阳台上去看。

爸爸问："看到什么了吗？"

小白回答说："没有看到，那边什么都没有。"

爸爸接着问："你怎么知道声音是从那边传来的？"

小白说："当然是从那边传来的啦，我的判断很准的。"

爸爸说："不一定哦！"

一个发出声音的物体在哪里，也就是声源来自哪里，并非像小白说的那样能够进行准确判断，更多的时候，我们容易弄错，弄错的不仅仅是它的距离，还有它的方向。

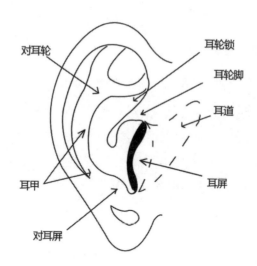

不可否认，我们的耳朵具有很灵敏的听觉，能够很好地辨别声源是从左边发出的还是从右边发出的。但是假如这声源是在我们的正前方或者正后方，我们的耳朵就时常没有能力辨明声源的位置。

事实上，声音是处于一个极为复杂的、多元的、立体的、球面波的结构之中，并非是我们想象的沿着一个平面传播的。

另外，人类的耳朵对于声音的接收过程，也十分复杂，声音不像眼睛对光线那样可以在耳朵的某个部位形成一个声音的图像。耳朵之所以能够感受到声音，比较权威的一种说法是耳蜗能够鉴别并且把声能转化为脑电信号，从而被人类所接收。

实际上包括外耳壳上的任意一根毛，在人耳的听觉上都起着积极的作用。人脑利用耳道里的毛判断声音的强弱，从而可以通过中耳的三个听小骨控制传到耳蜗的声音强度，起到保护耳蜗的作用。外耳壳上的沟槽对于声音有缓冲、导向和一定的延迟作用，使耳壳上的毛感受到的声音和耳蜗测到的声音达到同步。人脑就可以依靠耳壳上不同部位的耳毛，对于同一声音的不同反应来区别声音的上下左右。

人耳的这种功能主要表现在声源距离耳朵较近的情况下，也就是说在典型的球面波环境中。在这种环境里，人的外耳好像是一个面积很大的多维接收器。一个声音传来，部分声音一直传到耳蜗，由耳蜗辨别声音的音质。而部分声音消耗在耳道四周的耳毛上，由耳毛鉴别声音的强度，可以通过大脑调节耳朵的灵敏度。另外一些比较周边的声音作用于耳廓和耳廓上的绒毛上，通过大脑的综合分析，可以判断声源的方位和远近。

事实表明，声音的频率越高，对于耳廓各点形成的相位差就越显著，立体感就越强。比如，蟋蟀叫、手表声频率都很高。所以单耳就能正确鉴别其上下左右。如果是纯的低频声源，即使再靠近，往往双耳也不容易区别出方向来。

以上种种原因，让我们只能够根据感性来辨别声源的位置。

用一个简单的实验可以进行证明：

将一个人蒙起眼睛坐在房间中央，头不要转动。然后，在他的正前方或者正后方，用敲打盘子的方式制造出声音，然后请他说出敲响盘子的地方。他的答案会奇怪得简直叫你不敢相信：声音发生在房间的这一角，他却会指出完全相反的一点！

假如你不是站在他的正前方或者正后方，那么错误就不会这么严重。这是很容易理解的：现在他离得比较近的那只耳朵已经可以先听到这个声音，而且听到的声音也比较大，因此，他能够判定声音是从哪里发出来的。

物理小链接

假如你想知道远方传来的声音从什么地方发出，千万不要把面孔正对声音，而要把面孔侧对声音，这样，一个耳朵就正对声音了。我们平常说的"侧耳倾听"，就是这样得来的。

水倒满了吗

家里热水壶的水沸腾了，妈妈让小白把热水倒进热水瓶里。

在小白往热水瓶里倒热水的过程中，妈妈说了一句："行了，已经倒满了，倒入另外一个瓶子里吧。"

小白觉得很奇怪："妈妈，你根本就没有看，怎么会知道热水瓶满了呢？"

妈妈说："一听就知道水有没有满了。"

小白更加奇怪了。

其实只要通过两个简单的实验，便不会觉得奇怪了。

用家里的空热水瓶，将瓶口紧紧地贴在耳朵上，就会听到嗡嗡的声音，尽管你并没有什么动静。许多人到市场去买热水瓶的时候，常常也会这样做，将热水瓶放到耳朵上，据说这样可以鉴别热水瓶的好坏。

实际上，这是一种共鸣现象。关于共鸣的定义，在物理中是这样阐述的：当某一物体发生振动，影响到某些空间时，如果这些空间的振动频率与原物体的振动频率相同或形成一定比例，便与之产生共振的现象，称之为共鸣。简单地说，就是一个声音进入或影响了某些空间而产生的回音，附和原来的声音，并且成功地结合在一起。

在我们的周围总是分布有各种各样的声音，人耳的接收范围是20～20000赫兹，低于或者高于这个范围，人耳都无法听到。由于我们周围的这些声音

比较微弱，我们常常听不到。如果某些声音和热水瓶发生共鸣，声音就被放大了。这种声音和热水瓶的质量是没有什么关系的。

把茶杯、饭碗、玻璃杯等器皿的口贴在耳朵上就会听到声音，但是声音的高低不同。你可以用两只耳朵对不同的器皿进行仔细地比较，就会发现器皿小，发出的声音音调就略高一点。这里面有一个规律，就是器皿里的空气柱越长，发出的音调越低。不同的音调对应着不同长度的空气柱。

还有一个实验，就是上文中小白的困惑了。一般说来，向热水瓶中灌水，有经验的人都能凭灌水所发出的声音来判断水是不是灌满了。想一想，为什么灌水的时候，声音的高低会发生变化呢？

灌热水瓶的时候，水搅动了瓶内的空气使空气振动发出声音，和吹瓶子一样，空气柱越长发出的声音越低。随着水面的升高，瓶内的空气柱不断地减少，音调也就跟着升高，当你听到声调升高到一定程度的时候，就知道热水瓶已经灌满了。

找到了问题的答案，小白说："以后倒水的时候，再也不用一边倒一边趴

在瓶口往里面瞅了。"

物理小链接

许多歌唱家在唱歌的时候，都会利用共鸣原理。在歌唱发声时，会用气息冲击声带振动而发出声音，同时引起体内其他各共鸣腔体产生共振。由于共鸣时产生的泛音与声带发出的音组成复音，因此，它使声音得到了美化，达到洪亮、饱满、悦耳、动听的效果。

腹语术是真的吗

小白和爸爸一起看电视剧《天龙八部》，看到四大恶人之首段延庆腹语的绝技，小白问爸爸："爸爸，真的有腹语术吗？"

爸爸点点头，说："有！以前中国就有一个腹语高手，他一口气最长可以连说五十秒。"

小白赶忙问爸爸："腹语是怎么回事啊？用肚子也能够说话吗？"

其实任何人都不可能用肚子说话，因此，腹语并不是真的在用肚子说话。

当我们看到有人嘴巴并没有动，却能够发出声音时，这是怎么回事呢？

这只是说话的方式不同，或者说改变了说话的方式。我们平时在说话的时候，基本上是靠唇、齿、舌共同运动完成语音的发声的，腹语只是改变了原有的发声方式。经过训练之后可以在上下颌，甚至是嘴唇都闭合的状态之下，就

把语音给发出来了。这个发音的过程，需要训练，需要技巧，可以说只是依靠舌头来完成的。

在我们正常说话，尤其是唱歌时，要利用口腔共振发声。而另外的情况是在说悄悄话时，怕别人听到，就只用声带发音，尽量减小口腔共振。再有一种是用假嗓子说话唱歌，如唱陕北民歌，就是利用嗓子的另一种发声的方式。腹语则是反其道而行之，讲话向肚中咽，使声音在腹腔共振，这样隔着肚皮就可以听到含混不清的话音了。

"腹语"练好了可以发出比较大的声音，不一定要耳朵贴着肚皮去听。腹语并不难，只要倒吸气发音，或者强把话音往下咽就行。开始有些不习惯，慢慢地就会掌握窍门，发音也由唔唔声变清楚一点了。

需要指出，"腹语"这个称呼实际上不太恰当。它只是改变了说话的方式，但无法脱离人的语言发音器官，或者说是嘴唇的运动被掩盖得很好，以至给人的错觉是声音从身体内部的某个部位发出来的，所以他们才被称为"腹语者"。

其实，腹语者的"奇闻"只是由于我们没有办法准确判断声音的方向和说话人与我们之间的距离，在通常条件下我们只能获得一个大概情况。尽管实际上我们完全明白腹语者的表演是怎么一回事，但我们看着他仍然很难克服错觉。

小白说："那么说我也可以学习腹语了？"

爸爸说："对！腹语有很古老的历史，起源于古埃及，距今已有3000多年的历史。中国的史书上，也有腹语表演的记载。只是如今，能表演腹语的人已经很少了。"

小白说："那我就要好好学习，好好研究，努力填补这个空白。"

物理小链接

我们常常看到电视上，有人可以用眼睛喷水，这是因为人的眼睛和鼻子之间存在着一个叫作鼻泪管的通道，使得眼睛和鼻子有了亲密的沟通。当鼻子吸进水后，捏住鼻孔用力憋气，可以迫使鼻腔内的水经过鼻泪管反方向流动，从眼角的泪道开口喷出来。

当然，眼睛喷水并不是每个人都可以拥有的技能，需要经过练习。这样做虽然不会给人体造成什么危害，但也必须注意安全，否则，很容易将水吸进气管引起呛咳。其次，吸进鼻子的液体一定要干净，眼睛经常要滴一些眼药水来消毒杀菌，以免引起眼部的感染。

那些奇怪的声音

妈妈递过来一块刚刚买的面包，小白咀嚼起来表情似乎很痛苦，说："妈妈，这个面包太硬了，耳朵都快给震聋了。"

妈妈说："怎么可能？"

小白说："你刚刚没有听到吗？那么响的声音。"

妈妈摇摇头。

爸爸走过来，说："我刚刚也吃了面包，你听见我吃面包的声音了吗？"

小白也摇摇头。

小白和爸爸咀嚼烤干的面包片的时候，他们自己都能听到很大的声音，但是作为家里的第三个人，妈妈却没有听到，这是什么原因呢？

做一个简单的实验：站在一个喧闹的地方，你能够听到很多嘈杂的声音，然后捂住自己的耳朵，你能听到什么声音？你能听到很大的心跳声，甚至是自

己的呼吸声都非常大，但是松开自己的耳朵之后，又似乎什么声音都没有了。这是怎么回事呢？

我们自己的心跳声、呼吸声在我们自己看来，能够发出很大的声音，但是别人却对此无动于衷，这是怎么回事呢？

原来，人体的骨骼，跟一切坚韧的物体一样，非常容易传导声音，而声音在实体介质里，有时候会加强到惊人的程度。像小白一样，嚼烤面包片时候的碎裂声，经过空气传到别人的耳朵里，只听到轻微的噪声；但是那个破裂声假如经过头部骨骼传到自己的听觉神经，就变成很大的噪声了。

这儿还有一个同样性质的例子：把你的手表表盘用牙齿咬起来，两只手捂紧两只耳朵，你会听到很重的打击声，滴答声被增强了许多倍！

贝多芬耳聋以后，据说就是用一根棒听取钢琴演奏的，他把棒的一端触在钢琴上，另一端咬在牙齿中间。许多内部听觉还完整的聋子，也都能够按照音乐的拍子跳舞，这是因为音乐的声音经过地板和他的骨骼传导过来的缘故。

小白听完了这些原理之后，才知道人体内部的骨骼和血液都能够传导声音，从而让我们可以听到来自体内的声音。

物理小链接

医生听诊器的听诊原理，就是通过一种结构将由人体内发出的声波信号转变为电波信号，再通过集成放大电路，将电波信号大幅度放大，最后通过耳机或扬声器将放大了的电波还原为声波，从而得到放大了的人体内声波信号。对人体任何部位发出的声音，无论是生理性或病理性的，均可更加清晰、真实地听到，提高了听诊的准确性。

简单地说，就是物质间的振动传导参与了听诊器中的铝膜，而非空气改变了声音的频率、波长，达到人耳"舒适"的范围，同时遮蔽了其他声音，"听"得更清楚。

什么是超声波

>>>>>>>>>>>

在乡下爷爷家，夜幕降临的时候，小白看到一只只蝙蝠在黑夜里飞行。

小白禁不住赞叹道："蝙蝠的视力真好，这么黑都能看到路，而且还不会撞到一起。"

爸爸说："其实蝙蝠的视力非常差，根本就看不到路。"

小白听了之后，简直不相信自己的耳朵，说："怎么可能？如果它视力不好的话，为什么天这么黑还能飞得那么快，不会撞到东西呢？"

蝙蝠能在黑夜自由地飞行捕捉食物，依靠的根本不是视力，而且蝙蝠的视力很差，基本上看不到东西。

那么蝙蝠如何能够在漆黑的夜空中来去自如，高速地飞行却不会撞到东西呢？

蝙蝠主要利用回声定位来辨别方向。

当声波碰到一个障碍物，比如墙壁、悬崖时，它会弹回来，我们会再听到这个声音，这种反射回来的声音称为回音。

蝙蝠就是利用这种回声定位进行捕食和辨别方位的。

可能会有人觉得奇怪，为什么蝙蝠发出的声音，人耳却听不到呢？

这是因为人的耳朵能听到的声音频率在20~20000赫兹，低于20赫兹或者高于20000赫兹的声音，人耳是听不到的。声波频率高于20000赫兹的，称为超声波；低于20赫兹的则为次声波。

蝙蝠能在漆黑的夜里自由地飞行捕捉蚊虫为食，不是用视觉而是用听觉来定位的。蝙蝠在飞行时发出人耳朵听不到的超声波，它的耳朵接受到这些回波，就能判断出前面是应该躲避的障碍物还是要捕捉的虫子。

自然界中，除蝙蝠外，能发出超声波的还有蟋蟀、蚂蚱、老鼠、鲸等，狗能听到3.8万赫兹的超声波，有些鸟类可以听到4万赫兹的超声波。

超声波技术应用非常广泛，在医学界尤为突出。

超声波具有方向性好、穿透能力强等特点，和光线一样，能够反射、折射，也能聚焦。另外，它的传播情况还与介质的特性有着密切的关系。

在医学中，用超声诊断和治疗各种疾病，具有无损害、无痛苦和及时等优点。超声治疗是一种物理疗法。

超声波为什么能够治病呢？

人体组织内的神经细胞对超声波十分敏感，它可以引导超声波在体内的活动，对那些正常与不正常的组织进行识别与区分，然后对不正常的组织进行干扰和遏制。

超声波在人体组织中能引起细胞的波动，相当于一种细微的"按摩"。它能促使局部血液和淋巴循环得到改善，从而对组织营养和物质代谢都能产生良好的影响。

另外，超声波还可以刺激半透膜，增强其通透性，加强人体的新陈代谢，改善人体的功能状态，提高人体组织的再生能力。

　　同时，超声振动能引起体内局部温度升高，因此它还具有扩张血管的作用。

　　随着科技的进步，超声波在医学领域的应用也越来越广，许多医院都开设了专门的超声诊室。超声诊断和治疗多用于脑血管意外疾病、血栓闭塞性脉管炎、慢性支气管炎、哮喘、偏瘫、冠心病及超声手术等。

物理小链接

　　不仅在医学领域，在工业领域超声波同样有很广泛的应用。在工业上用超声波清洗零件上的污垢，在放有物品的清洗液中通入超声波，清洗液的剧烈振动冲击物品上的污垢，能够很快地将物品清洗干净。

什么是次声波

　　人耳所能接受的声波在20~20000赫兹，声波频率高于20000赫兹的，称为超声波；低于20赫兹的则为次声波。次声波与超声波一样都看不见、听不到、摸不着，超声波在医学、工业方面有着重要的作用。同样，次声波也发挥着重要的作用。

　　次声波频率低、波长长，所以传播距离会很远。次声波的另一个重要特性是有较强的穿透能力，既能穿透空气、海水、土壤，也能穿透飞机机体、舰艇壳体、坦克车体以及坚固的钢筋混凝土构体。例如，频率为3.44赫兹的次声波，其波长100米，能穿透建筑物的坚固墙壁。穿透力如此强的次声波，同样有着极强的破坏力。

1980年，有一艘驶往英国的船只"马尔波罗"号突然神秘地失踪。20多年以后，有人却在火地岛附近发现了这只船。船上的一切摆设都原封未动、完好如初。就连已死多年的船员也都各就各位，保持着工作状态。这让科学家们匪夷所思，科学家对他们的神秘死亡进行研究后终于发现，原来他们是死于海上风暴产生的次声波。

同样，在中国民航史上也有过一次因为次声波而导致惨痛的空难。1992年，桂林上空发生了一起空难，141人死亡。当事件的原因经多方解释而未得到确定之时，中国声学研究所的专家经过研究发现，这架飞机是因为"次声波"而致使飞机坠毁。

桂林当地的地形属于半丘陵地带，气团依山势走向而上下浮动，引起气流震动，产生一种"山背波"的次声波。当飞机遇到这种危害极大的由次声波引

起的晴空湍流时，如同落入一个风旋涡中，在挤压力、冲力等多种强劲外力的作用下，造成飞机失控，产生机毁人亡的恶果。

次声波看不见、听不见，可它却无处不在。地震、火山爆发、风暴、海浪、枪炮、热核爆炸等都会产生次声波。次声波的传播速度和可闻声波相同。由于次声波频率很低，大气对其吸收甚小，当次声波传播几千千米时，其吸收还不到万分之几，所以它传播的距离较远，能传到几千米至十几万千米以外。

同时，次声波还具有很强的穿透能力，可以穿透建筑物、掩蔽所、坦克、船只等障碍物。

经科学家研究，7000赫兹的声波用一张纸即可阻挡，而7赫兹的次声波可以穿透十几米厚的钢筋混凝土，地震或核爆炸所产生的次声波可将岸上的房屋摧毁。次声波如果和周围物体发生共振，就能放出相当大的能量，如4~8赫兹的次声波能在人的腹腔里产生共振，可使心脏出现强烈共振和肺壁受损。

那么，次声波为何会造成人员不流血却出现严重伤亡的现象呢？

科学研究表明：人体的内脏，有着固定的振动频率，而这种频率也在0.01~20赫兹之间，属于次声波的范畴。这样一来，当外来的次声波不管是自然形成的，还是人为制造的，一旦它的振动频率与人体内脏的振动频率相同或接近时，就会引起各种脏器的共振，这一共振便会使人烦躁、耳鸣、头痛、失眠、恶心、视觉模糊、肝胃功能失调紊乱；严重时，还会使人四肢麻木、胸部有压迫感。特别是与人的腹腔、胸腔和颅腔的固有振动频率一致时，就会与内脏、大脑等产生共振，甚至危及性命。

同样，随着科技的发展，次声波已经被人们用于工业生活中，比如，通过接收核爆炸、火箭发射或者台风产生的次声波，来探测出这些次声源的有关参量。

还可以利用次声波预测自然灾害性事件。许多灾害性的自然现象，如火山爆发、龙卷风、雷暴、台风等，在发生之前可能会辐射出次声波，人们就有可能利用这些前兆来预测和预报这些灾害性自然事件的发生。

物理小链接

在日常生活中，人们常受到外界振动的影响，如车船的颠簸、机械的振动和噪声的影响等。当这些振动恰好在次声波的范围之内，对人的影响就比较大。它能使你晕车、晕船，甚至头痛、呕吐。

噪声的危害

窗户外面传来刺耳的"吱吱"声，爸爸打开窗户一看，原来是对面的住户在装修房屋。

"爸爸，这个声音为什么这么难听？"小白正趴在课桌上写作业。

爸爸回答说："这是噪声。"

噪声是相对于那些使人感到轻松愉快、精神振奋的声音而言的。凡是影响人们正常学习、工作和休息的声音，凡是人们在某些场合"不需要的声音"，都统称为噪声。如机器的轰鸣声，各种交通工具的马达声、鸣笛声，人的嘈杂声及各种突发的声响等，这些声音是发声体做无规则振动时发出的。

美妙动听的音乐会让人感到轻松愉快、精神振奋，欣赏优美动听的音乐是一种艺术享受。从物理角度看，音乐是乐音，它是声源有规律振动发出的悦耳动听的乐音。悦耳动听的音乐有改善神经系统、内分泌系统和消化系统的功能，能提高思维能力，有助于儿童的生长发育。

然而，噪声对人的影响就截然不同了。

噪声是一种由为数众多的频率组成的并具有非周期性振动的复合声音。简言之，噪声是非周期性的声音振动。它的声波波形不规则，听起来感到刺耳。

噪声危害着人们的身体，使人感到疲劳，产生消极情绪，甚至引起疾病。另外，高强度的噪声不仅损害人的听觉，而且对神经系统、心血管系统、内分泌系统、消化系统以及视觉、智力等都有不同程度的影响。

20世纪90年代，英国一个流行乐队举行了一次演唱会，演唱会过后，有 300名听众失去知觉，昏迷不醒。诊断结果是因为声音极度刺耳，致使听众休克。

无独有偶，20世纪50年代在西班牙曾经有 80人自愿作为喷气发动机噪声作用的试验对象，试验结果非常悲惨，其中28人当场死亡，其余的人都得了严重的麻痹症。

因此，噪声被公认为是仅次于大气污染和水污染的第三大公害。

在我国，为了减少噪声的危害，有关标准规定，住宅区噪声，白天不能超过55分贝，夜间应低于45分贝。世界上一些城市颁布了对交通运输所产生噪声的限制。

为了防止噪声，我国著名声学家马大猷教授曾总结和研究了国内外现有各类噪声的危害和标准，提出了三条建议：

（1）为了保护人们的听力和身体健康，噪声的允许值在 75~90 分贝。

（2）保障交谈和通信联络，环境噪声的允许值在 45~60 分贝。

（3）睡眠时间的噪声建议在 35~50 分贝。

当然，噪声并非是百害而无一利，尤其是随着现代科学技术的发展，人们也能利用噪声造福人类。

比如，利用噪声进行除草。科学家发现，不同的植物对不同的噪声敏感程度不一样。根据这个道理，人们制造出噪声除草器。这种噪声除草器发出的噪声能使杂草的种子提前萌发，这样就可以在作物生长之前用药物除掉杂草，用"欲擒故纵"的妙策保证作物顺利生长。

小白知道了这些道理之后，问爸爸如何才能避免噪声，爸爸关上了家里的隔音窗户，这样噪声就降低了。

物理小链接

家庭生活中，为了避免楼上、楼下的噪声通过天花板和地板传入室内，通常会设置吊顶，以隔绝从上空传来的噪声；同时铺设地板，以隔绝从地面传来的噪声。

第8章　生活中的小发明

　　在物理世界中，有很多发明都来自人们的智慧，让我们了解一下这些发明故事吧。

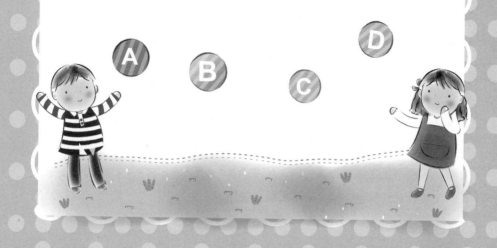

现代人的"一擦灵"——发明火柴的故事

很多人都听过《卖火柴的小女孩》的童话故事，主要讲了一个卖火柴的小女孩在一个大雪纷飞的圣诞夜叫卖着她的那几根火柴，在富人合家欢乐、举杯共庆的平安夜，小女孩无奈地擦着了几根火柴，嘴角带着微笑冻死在街头的故事。故事通过擦燃火柴的美好幻想与她饥寒交迫的现实生活形成了鲜明的对比。

当看到这个故事的时候，很多人对火柴都有一种难以割舍的感情。

火柴是如何发明的呢？

根据历史记载，世界上第一根火柴是法国化学家钱斯尔发明的硫酸火柴。那根火柴又粗又长，棒的一端涂有氯酸钾、蔗糖等一些混合物，使用时将它与浓硫酸接触即可燃烧。尽管这种方法比当时用石块撞击生火要方便得多，可是这种火柴的价格太贵，而且浓硫酸有很强的腐蚀性，很容易出事故，因此没有得到普及。

其实，火柴的燃烧原理在我国11世纪初就被劳动人民掌握了。北宋初年，民间用沾着硫黄的棒条摩擦引火，人们称它为"发烛"。由于当时的条件有限，它也不是人类理想的引火工具。

火柴的真正问世，当属磷头火柴的使用。

1669年，德国一位科学家从事冶炼各种金属，企图从中炼出黄金。一天，他把白砂和小便混在一起放在曲颈瓶中加热，当火烧得很旺时，突然从瓶里冒出一股白烟，凝结成一团白蜡样的东西。这团东西在黑暗中会闪闪发光，遇到空气就会自燃起来。布朗特把这种"怪物"取名为磷，意思是发光体。他将磷的秘密高价卖给了一个富商。

1677年，富商将这种物质交给当时著名的科学家波义耳，让其投入研究。波义耳经过研究，掌握了制磷的技术，并开始了制造火柴的试验。

1680年，最原始的火柴出现，在木质细棒的一端涂上硫黄，在粗纸上涂有磷，取火时将细棒在纸上摩擦，就会点燃细棒。但是当时因为制磷的成本很高未能推广使用。

1775年，瑞典化学家舍勒用硫酸与煅烧过的骨骼一起加热的方法成功地提取了磷，十年后，欧洲市场上出现了"磷头小烛"。一根涂有蜡质的灯芯，一端附上一小块白磷，密封在一只小玻璃管里。使用时只需打开玻璃管，白磷就会使"小烛"燃烧起来。

19世纪初，英国化学家约翰·华克在给自己的猎枪上放火药时，无意中制成了世界上最早的摩擦火柴。因为这种白磷有剧毒，使用不安全，不久就遭到各国禁用。

后来法国人改进了配方，用一种称为三硫化四磷的物体代替白磷做发火剂，这就是现代火柴的雏形。然而这种火柴在粗糙的固体表面摩擦能起火，甚至放在衣袋里稍一摩擦也会自燃，自然也不够安全。

1845年，德国人施罗德将白磷隔绝空气加热到250℃制成了红磷。从此，

人们开始用红磷制火柴。

1880年，瑞典人在上海开了一家瑞典瑞商洋行，生产和经营火柴。全套机器设备都是瑞典的，甚至连火柴盆上的商标也是国外印刷的，他们利用产品价格低廉的特点，在我国市场上获取了大量利润。

新中国成立后，我国的工业得到巨大的发展，火柴工业也得到发展，同时品种不断增加。例如，火柴技术人员成功地制造了抗风火柴、防水火柴、无梗火柴、彩色火柴、烟幕火柴、信号火柴等。

物理小链接

磷有白磷、红磷、黑磷三种同素异构体。白磷又叫黄磷，为白色至黄色的蜡性固体。白磷活性很高，必须储存在水里。人吸入0.1克白磷就会中毒死亡。白磷在没有空气的条件下，加热到260℃或在光照下就会转变成红磷，而红磷在加热到416℃变成蒸汽之后冷凝就会变成白磷。红磷无毒，加热到240℃以上才着火。在高压下，白磷可转变为黑磷，黑磷具有层状结构，能导电，是磷的同素异构体中最稳定的。

看到自己——镜子的发明

"魔镜、魔镜告诉我，谁是世界上最漂亮的女人？"

看到这段问话，很多人可能会会心地一笑，这是童话故事《白雪公主》里面的经典台词，魔镜给我们留下了很深的印象。

可是又有谁知道镜子是如何发明的呢？

中国的神话故事里，人类使用的第一面镜子是嫫母发明的。传说嫫母有一次上山挖石板，当时正值中午，阳光普照大地。嫫母突然发现石头堆里有一块明光闪闪的石片，非常刺眼。嫫母弯腰用手轻轻地从地里刨出来，拿在手中一看，不由得吓了一跳。因为她比较丑，自己丑陋的面孔全照在这块石片上了。她悄悄地把这块石片藏在身上，回到黄帝宫里对任何人也没有讲这件事。四下无人时，她又把石片取出来，发现石片的平面凹凸不平。嫫母到制作石刀、石斧的厂房，找了一块磨石，把石片压在上边反复摩擦，不大工夫，石片表面全部被磨平了。她拿来一照，比刚才清晰多了。她又磨了一阵子，拿起来再一照，自己仍然很丑。嫫母自言自语地叹息说："看来面丑不能怪石片（镜子）。"

显然这只是个神话故事，真正的镜子到底是如何发明的呢？

古时候，人们没有镜子，为了看到自己的身形，只得在平静而清澈的水面

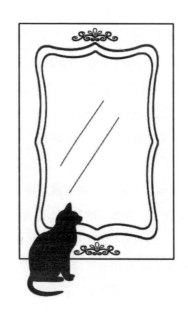

上观看自己的倒影。后来，原始人类在打制石器工具时，发现有一种叫"黑曜岩"的石头可以磨平照人，这就是所谓的"石镜"。

公元前3000年，现代镜子的雏形——青铜镜出现了。古埃及人掌握了青铜的生产技术，同时，他们发现把青铜板打磨光滑后，可以照出人影来，这样，就发明了"青铜镜"。

14世纪初，地中海沿岸的意大利玻璃产业得到迅速发展，特别是威尼斯城生产的玻璃，驰名世界。偶然的机会，他们在试制彩色玻璃的过程中，发现加入二氧化锰以后，会使混浊的玻璃液变得清澈，经过不断研发，发明了透明玻璃。

出现了透明玻璃以后，意大利的一些大玻璃作坊的玻璃工匠们，便开始摸索用玻璃制造镜子的方法。做法是先将金属板磨得既平整又光滑，然后将它和玻璃合在一起，试图制成玻璃镜子。刚做好的时候确实不错，光洁照人。可是没过多久，镜子里面的人像就变得模糊不清了。原来这是由于水分和空气从金属与玻璃之间极细的缝隙中钻了进去，金属板被氧化了。

尽管试用了很多种方法，仍然没有解决金属板被氧化的问题。

16世纪初期，一个叫洛卡雷斯的玻璃工匠研制成功了实用的玻璃镜子。他先把锡箔贴在玻璃面上，然后倒上水银，水银是液态金属，能够很好地溶解锡，随后，玻璃上形成了一层薄薄的锡与水银的合金，这种合金的本领高强，能够紧紧地黏附在玻璃上而成为真正的镜子。

然而，由于这种镜子手工复杂，时间比较长，而且水银有剧毒，成本较高，没有得到普及。

19世纪中期，德国科学家发明了镀银的玻璃镜子。为了让这种玻璃镜子发亮，他们在镜子的背面镀了一层薄薄的银层，这层银能够起到亮化的作用。

由于工业革命的发展，科技已经得到了很大的提高。这层银不是涂上去的，也不是靠电镀上去的，而是利用一种特殊而有趣的化学反应，它是在硝酸银溶液里，加上一些氢氧化铵和氢氧化钠，再加上一点葡萄糖溶液。葡萄糖并不与之发生反应，只是起到一种"还原"的作用，能够把硝酸银中的银离子还原成金属银微粒，这些银微粒沉积在玻璃上就制成了银镜。

为了增强镜子的耐用性，通常还在镀银以后，再在银层上面涂刷上一层红色的保护漆，这样，银层便不容易脱落和损坏了。

虽然这种方法改变了毒性，但是由于成本较高，依然很难得到普及。

20世纪70年代，科学家又发明了铝镜，其制造方法是：在真空中使铝蒸发，让铝蒸气凝结在玻璃面上而成为一层薄薄的铝膜。这种镀铝的玻璃镜，比镀银的玻璃镜便宜、耐用，也更为光彩照人，在镜子的历史上写下了崭新的一页。

物理小链接

铝是一种化学元素，是地壳中含量最丰富的金属元素。在金属品种中，仅次于铁，为第二大类金属。由于铝价格低廉，得到广泛应用，生活中的铝盆、铝锅都是铝制品。

让你看得更清楚——近视眼镜的发明

小白对语文老师戴的近视镜很感兴趣。有一次，老师在修改作业的时候，将近视镜摘下来，用眼镜布擦拭了一下，小白终于找到了一个提问的机会。

"老师，你为什么要戴眼镜啊？"小白问道。

"眼镜是用来调整视力的，我是近视眼，所以必须要戴眼镜才能看得清楚。"语文老师说。

"老师，那眼镜是谁发明的呢？"

老师戴上眼镜之后，说："那我就给你们讲讲近视眼镜的发明历史吧。"

说起眼镜，据有历史的记录可循，最早的眼镜是在伊拉克的尼尼微图书馆遗址发现的。它是用水晶石制作的，直径1.5英寸，焦距4.5英寸。由此可以知道古巴比伦人和亚洲人已经发现某些透明宝石具有放大作用。当然，确切地说，这还不是近视镜，近视镜是属于眼镜的一个分支。

根据历史可查，眼镜可能是在13世纪末期在中国和欧洲同时出现的。

《马可·波罗游记》中记载："中国的老年人看小字时戴着眼镜。"14世纪曾有记载说中国的一位绅士用一匹马换了一副眼镜。

中国古老的眼镜镜片很大，呈椭圆形，通常用水晶石、石英、黄玉或紫晶制成，奇怪的是，当时的镜片不是一双，而是一个，镜片不是戴在眼上，而是拿镜片放在眼上使用。

眼镜架子也是人们在后来的使用过程中，为了方便逐渐发明的，只不过这

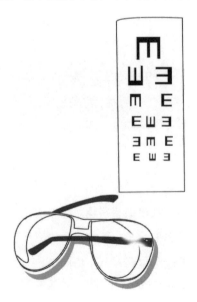

些发明都没有准确的史料记载，只能算是人们的智慧结晶。

由于最初的镜片镶嵌在乌龟壳做的镜框里，所以有的眼镜带有铜质的眼镜脚，卡在鬓角上，有的用细绳子系在耳朵上，也有的把眼镜固定在帽子上。由于眼镜框是用象征神圣的动物——乌龟的壳做的，镜片是宝石做的，所以眼镜被视作贵重物品。

更为奇怪的是，最初人们配戴眼镜是为了表示吉祥或者表示身份高贵，而不是为了改善视力。

眼镜在13世纪由两位意大利医生传入欧洲，直到14世纪中叶才被广泛使用。当初欧洲人也把眼镜看作区分人们身份高低的装饰品。

眼镜得到很大的进步应该得益于美国人本杰明·富兰克林。1784年，他发明出双光眼镜，眼镜才算完善起来。

至于近视眼镜的发明，有史可查的是13世纪中期的英国学者培根。培根因视力不好，不能看清书上的文字，就想发明一种工具来提高视力。为此，他想了很多办法，做了不少试验，但都没有成功。一天雨后，培根来到花园散步，看到树叶上落了很多水滴，他发现透过雨珠看树叶，叶脉放大了不少，连树叶上细细的毛都能看得见。他看到这个现象，高兴极了。

培根灵机一动，开始着手进行研究，在一个圆球玻璃上割出一块，经过不断地打磨，不断地改进，成了现在人们戴的近视眼镜。

物理小链接

近年来，世界上已经出现了盲人电子眼镜。这种眼镜由摄像透镜、摄像放大管、光电转换器和电极矩阵四个部分组成。设计者为了方便盲人，把电极矩阵制成内衣样式，盲人穿上后紧贴后背皮肤。启动开关后，由于电极产生信号刺激皮肤，因而能在大脑中产生图像，使盲人好像有了视觉一样。

千里传音——电话的发明

小白给爷爷奶奶打电话，向他们汇报自己的学习情况，爷爷在电话里鼓励小白要好好学习。放下电话，小白说："有电话真是方便！"

爸爸说："你知道电话是谁发明的吗？"

小白说："贝尔。"

现在电话已经走进了千家万户，为人们的生活带来了很大的方便。

然而，在没有电话之前，人们之间的通信非常不便利。

在奴隶社会时期，古人使用击鼓传递信息，在西周建立之后，建立了比较完整的邮驿制度。春秋战国时期，随着政治、经济和文化的进步，邮驿通信逐渐完备起来。那个时候，人们之间的通信非常麻烦，一封书信需要半个月甚至更久的时间才能传到对方的手中，极为不便。

人类通信历史发生改变是在富兰克林之后，自从富兰克林验证了电的本质之后，经过法拉第等人的拓展，电的介入使通信发生了革命性的突破。

1837年美国人莫尔斯发明了有线电报，人类的通信方式获得了历史性的突破。然而真正改变了现代通信方式的，是一个叫贝尔的人。

贝尔，电话的发明者，1847年生于英国，年轻时跟父亲从事聋哑人的教学工作，曾想制造一种能远距离通话的装置。

长距离间通话的设想，美国发明家格雷就已经设想过，他使用两个罐头

盒，每只盒子底部由一条绷紧的绳子连接起来。当一个人对着一端的罐头盒讲话时，振动通过绳子传达给另一端的罐头盒。这个实验使格雷认识到人的声音由各种不同频率的音调构成，如果能设计出合适的发话器，再把声调变成电的信号，传递后再在另一端变为话音，这不就实现远距离通话了吗？

格雷的设想虽好，他却没有能够实现这个愿望。

1873年，贝尔成为美国波士顿大学教授，开始从事研究在同一线路上传送许多电报的装置——多工电报，并萌发了利用电流把人的说话声传向远方的念头，使远隔千山万水的人能如同面对面交谈一样。于是，贝尔开始了电话的研究。

1875年6月2日，贝尔和他的助手华生分别在两个房间里试验多工电报机，一个偶然发生的事故启发了贝尔。华生房间里的电报机上有一个弹簧意外粘到磁铁上了，华生拉开弹簧时，弹簧发生了振动。与此同时，贝尔惊奇地发现自己房间里电报机上的弹簧颤动起来，还发出了声音，是电流把振动从一个房间传到另一个房间。贝尔的思路顿时大开，他由此想到：如果人对着一块铁片说话，声音将引起铁片振动；若在铁片后面放上一块电磁铁的话，铁片的振动势必在电磁铁线圈中产生时大时小的电流。这个波动电流沿电线传向远处，远处类似的装置上不就会发生同样的振动，发出同样的声音吗？这样声音就沿电线传到远方去了，这不就是梦寐以求的电话吗？贝尔和华生按新的设想研制能将声音通过电流传出去的装置。

在一次实验中，一滴硫酸溅到贝尔的腿上，疼得他直叫喊："华生，快来

帮帮我，请到我这里来！"这句话由电话机经电线传到华生的耳朵里，电话研制成功了。

华生高兴地从房间里冲出来，说："贝尔，我听到你的声音了。"

1876年3月7日，贝尔成为电话发明的专利人。

物理小链接

家庭用的电话机的电话线在话机挂机时的电压是50伏左右的电压，摘机是在10几伏左右。当有电话呼入时也就是电话机响铃的时候最高能达到150多伏左右。如果这个时候你用手去接触裸露的电话线，就会感到很麻，有一定的危险，需要注意。

懒人的成就——洗衣机的发明

洗衣机成了现代家庭生活中不可或缺的一个用具，为人们的生活提供了很大的便利。可是，有谁知道洗衣机是什么时候发明的吗？

据说最原始的洗衣机是一个叫汉密尔顿·史密斯的美国人发明的。史密斯是一个非常懒惰的单身汉，洗衣服成了他最头疼的事情。为了使自己免于洗衣服，他开动脑筋，制作了最原始的洗衣机。这台洗衣机的主要部件是一只圆桶，桶内装有一根带有桨状叶子的直轴，轴是通过摇动和它相连的曲柄转动的。果然，这台洗衣机的出现让他不用再为洗衣服发愁了。

但这台洗衣机使用费力，且损伤衣服，因此没有被推广使用。但这却成了用机器洗衣的开端。

1874年，一个叫比尔·布莱克斯的美国人发明了木制手摇洗衣机。这台洗衣机构造极为简单，是在木筒里装上6块叶片，用手柄和齿轮传动，使衣服在筒内翻转，从而达到除去衣服污渍的目的。这套装置的问世，让那些为提高生活效率而冥思苦想的人大受启发，洗衣机的改进过程开始大大加快。

1880年，美国又出现了蒸汽洗衣机，蒸汽动力开始取代人力。

蒸汽洗衣机出现之后，水力洗衣机、内燃机洗衣机也相继出现。其中尤其以水力洗衣机成为主导龙头，设备先进，功能相比较而言最为完善。水力洗衣机包括洗衣筒、动力源和与船相连接的连接件，洗衣机上设有进、出水孔，洗衣机外壳上设有动力源，洗衣筒上设有衣物进口孔，其进口上设有密封盖，洗衣机通过连接件与船相连。它无需任何电力，只需自然的河流水力就能洗涤衣物，解脱了船民在船上洗涤衣物的烦恼，节约时间，减轻了家务劳动的强度。

但蒸汽洗衣机使用的范围比较狭小，没有得到有效普及。

1910年，美国人费希尔在芝加哥试制成功世界上第一台电动洗衣机。电动洗衣机的问世，标志着人类家务劳动自动化的开端。

1922年，美国玛塔依格公司改造了洗衣机的结构，把拖动式改为搅拌

式，使洗衣机的结构固定下来，这也就是第一台搅拌式洗衣机的诞生。这种洗衣机是在筒中心装上一个立轴，在立轴下端装有搅拌翼，电动机带动立轴，进行周期性的正反摆动，使衣物和水流不断翻滚，相互摩擦，以此涤荡污垢。搅拌式洗衣机结构科学合理，受到人们的普遍欢迎。

1932年，美国本德克斯航空公司宣布，他们研制成功第一台前装式滚筒洗衣机，洗涤、漂洗、脱水在同一个滚筒内完成。这意味着电动洗衣机的形式跃上一个新台阶，向自动化又前进了一大步。

随着工业化的加速，世界各国也加快了洗衣机研制的步伐。首当其冲的是英国推出的一种喷流式洗衣机，它是靠筒体一侧的运转波轮产生的强烈涡流，使衣物和洗涤液一起在筒内不断翻滚，洗净衣物。

1955年，在引进英国喷流式洗衣机的基础之上，日本研制出独具风格、并流行至今的波轮式洗衣机。至此，波轮式、滚筒式、搅拌式在洗衣机生产领域三分天下的局面初步形成。

1962年，美国一家企业经过研发，生产出波轮式套桶全自动洗衣机。

1969年，以微机控制的全自动洗衣机在日本问世，开创了洗衣机发展史的新阶段。

随着科技的进一步发展，滚筒洗衣机已经进入了许多家庭。伴随着科技的进一步发展，相信新型的更适合人们使用的洗衣机会给我们的生活带来新的生活方式。

物理小链接

安全使用洗衣机，需注意这样几个问题：每次放衣服前，应检查衣服口袋，取出指甲刀、钥匙、发卡、硬币等硬物，防止卡住波轮；经常检查洗衣机是否漏水，如发现漏水，应停止使用尽快修理；每次的洗衣量不能超过洗衣机的额定容量，否则由于负荷过重可能损坏电动机；电压波动太大时，洗衣机应停止使用。

退伍兵的杰作——微波炉的发明

　　微波炉在现代人们的生活中发挥了很重要的作用，为人们快节奏的生活提供了很大的便利。

　　微波炉的使用历史不足百年，在家用电器中属于较晚出现的，发明者是美国的退伍军人斯本塞。

　　1939年，斯本塞参加了海军，半年后因伤退役，进入美国潜艇信号公司工作，开始接触各类电器，稍后又进入专门制造电子管的雷声公司。

　　1945年，他观察到微波能使周围的物体发热。有一次，他走过一个微波发射器时，身体有热感，不久他发现装在口袋内的巧克力糖果被微波烤化了。

　　他感觉到这不是一个偶然现象。为此，他把一块面包放在波导喇叭口前，然后观察面包的变化。一段时间之后，他发现面包变热了，与放在火堆前一样。第二天，他又将一个鸡蛋放在喇叭口前，结果鸡蛋受热突然爆炸，溅了他一身。

　　经过进一步试验，他发现这种波能使含水的组织发热，这个实验使得斯本塞突发奇想：微波既然有此特性，何不进一步开发出来，用于温热和烹饪食物？

　　斯本塞将自己的发现写成了报告，提交给雷声公司技术研发部。

　　雷声公司受斯本塞实验的启发，决定与他一同研制能用微波热量烹饪的炉子。几个星期后，一台简易的炉子制成了。斯本塞先是用面包做试验。他先把

面包切成片，然后放在炉内烹饪。在烹饪时他屡次变化磁控管的功率以选择最适宜的温度。经过若干次试验，食物的香味飘满了整个房间。

经过不断研究和改进，1947年，雷声公司推出了第一台家用微波炉。可是这种微波炉成本太高，寿命太短，影响了微波炉的推广。

1965年，乔治·福斯特对微波炉进行了大胆改造，与斯本塞一起设计了一种耐用和价格低廉的微波炉。1967年，微波炉在芝加哥举行展销会，获得了巨大成功。

从此，微波炉逐渐走入了千家万户。由于用微波烹饪食物又快又方便，不仅味美，而且有特色，因此，有人诙谐地称之为"妇女的解放者"。

微波炉的工作原理不是火而是微波，它是一种电磁波。电磁波按波长的长短分为长波、中波、短波和超短波，微波就是超短波，能够产生热量。

物理小链接

使用微波炉时要注意安全。微波炉应放在平稳的地方，与墙之间要有10厘米以上的空隙，保持良好的通风环境。袋装和瓶装食物要在开启后放入专门的容器内再放进炉内；鸡蛋等有壳食品必须去壳、打碎或在壳上打出洞眼后再放进炉内，否则有可能引起爆炸。

逃亡中的收获——高压锅
的发明

爱迪生经过千百次的实验发明了电灯；弗莱明在无意间发现了青霉素；贝尔在危险中发明了电话……只要有心，发明无处不在，可是你听过有人能在逃亡的过程中做出伟大发明的吗？

高压锅就是在逃亡的过程中发明的。

1681年法国医生兼物理学家和机械师丹尼斯·帕平发明了高压锅。

17世纪80年代，法国青年医生帕平因为医疗事故被迫逃往国外。他沿着阿尔卑斯山艰难跋涉，打算去瑞士避难。帕平一路上风餐露宿，渴了找点山泉喝，饿了煮点土豆吃。

有一天，帕平走到一座山峰附近，感觉到非常饥饿，于是如法炮制，找了一些树枝，架起篝火，挖了一些土豆，煮起土豆来。很快水开始沸腾了，饥饿的帕平赶紧捡起土豆，却发现土豆还是生的，他很失望，只好重新放在水里煮，滚开了几次，土豆依然不熟。为了填饱肚子，他无可奈何地把没熟的土豆硬吃了下去。这件事给他留下了很深的印象。

几年后，帕平的生活有了转机，他应聘到英国一家科研单位工作。阿尔卑斯山上的往事，他仍记忆犹新。他找来了许多参考书，了解了山的高度。一连串的问题在帕平脑子里翻腾：水的沸点与大气压有什么关系……

随后，他又设想：如果用人工的办法让气压加大，水的沸点就不会像在平

地上一样只是摄氏100度，而是更高些，煮东西所化的时间或许会更少。

可是，问题的关键是怎样才能提高气压。

帕平自己动手做了一个密闭容器，他要利用加热的方法，让容器内的水蒸气不断增加，又不散失，使容器内的气压增大，水的沸点也越来越高。可是，当他睁大眼睛盯着加热容器的时候，容器内发出咚咚的声响，随后发生了爆炸。

帕平没有被爆炸吓倒，经过不断研究，两年后，他按自己的新想法绘制了一张密闭锅图纸，请技师帮着做。另外帕平又在锅体和锅盖之间加了一个橡皮垫，锅盖上方还钻了一个孔，这样一来，就解决了锅边漏气和锅内发声的问题。帕平把土豆放入锅内，点火，冒气，几分钟之后，土豆就煮烂了。

高压锅初步成型了。

几年之后，经过不断改进，帕平造出了世界上第一只压力锅——当时叫作"帕平锅"。他邀请英国皇家学会的会员们来参加午餐会，实际上是对压力锅进行"鉴定"。戴着高高白帽子的厨师，当着众多科学家的面，把几只活蹦乱跳的鸡宰了，塞进压力锅里，然后架到火炉上。那些满腹经纶的专家一杯茶还没有喝完，一盘盘热气腾腾、香味扑鼻的清蒸鸡，已经摆在他们的桌上了。

这在当时让极有威望的科学家们折服了。从此，帕平和高压锅一起，名扬四方。

物理小链接

如何安全使用高压锅？

（1）高压锅内不要超量。锅内压力产生时，几乎没有安全缓冲空间。继续加热，压力随之增高，引起爆炸。因此，锅内食物不能超过总容积的2／3。

（2）每次加盖之前，都要细心检查锅盖中心的排气孔是否畅通。如对光看不到亮，吹气也不畅，一定要排除堵塞之后才能加盖。

（3）加盖后，较科学的方法是先不加限压阀，待加热排出锅内的冷空气后，再及时加上限压阀。

（4）使用高压锅之前，同样要检查限压阀上的疏气孔。方法可用嘴对着大孔吹气，分流疏气孔畅通会冒气。若堵塞，可用细铁丝捅通之后再用。

（5）煮物开始用大火，上气后改用小火。

最伟大的成就——抽水马桶的发明

>>>>>>>>>>>>>

英国著名的《焦点》杂志邀请本国100名最权威的专家学者和1000名读者，评出了世界上最伟大的发明，位居榜首的竟然是抽水马桶。

小小的马桶改变了大世界。如果没有马桶，现代人的生活将会无法想象。难怪有人说："今天，人们可以不要电视、电冰箱、电脑或汽车，但却离不开马桶。"马桶的发展史，就是人类社会文明、干净和有秩序的发展历程。

究竟是谁发明了世界上最伟大的成就——抽水马桶呢？

据历史资料记载，在女王伊丽莎白一世时代，英国有一位名叫约翰·哈林顿的教士，平时爱好文学，曾因传播一则所谓有伤风化的故事而判处流放。

在被流放期间，他在流放地凯乐斯顿盖了住房。由于他天生浪漫而又非常讲究，设计出了世界上第一个抽水马桶。当时的马桶结构是与储水池相连，装置在他所居住的房子里。

他对这项发明颇为自豪，特地以荷马史诗中一位英雄埃杰克斯的名字为它命名。此后，哈林顿还写了《夜壶的蜕变》一书，详细地描绘了他的抽水马桶的设计。

流放归来之后，他将自己在流放期间发明的马桶献给女王，不过，当时的英国公众并没有接受这项发明，他们还是喜欢使用便壶。

但这项发明并没有就此被淘汰，约翰·哈林顿依旧在不遗余力地推广他的马桶。

1775年，伦敦有个叫亚历山大·卡明斯的钟表匠，改进了哈林顿的设计，研制出冲水型抽水马桶，由于使用方便，得到了很多人的欢迎，他获得了专利权。自此，抽水马桶开始受到人们的欢迎。

当时英国有一位王室贵族非常讲卫生，命令人改进冲水马桶，追求更加卫生、方便的马桶。英国的一些科学家经过研究，将马桶又推上了一个高度。

在英国王室的推动下，1848年，英国议会通过了"公共卫生法令"，规定：凡新建房屋、住宅，必须有厕所、抽水马桶、存放垃圾的地方。这就为抽水马桶技术的发展提供了条件。

1861年，英国一位管道工人托马斯·克莱帕发明了一套先进的节水冲洗系统，废物排放才开始进入现代化时期。

1880 年，一个名叫托马斯·克拉伯的人利用丰富、廉价的水所具有的良好的流动性、冲击性和清洁性能，发明了人类现代史上的第一个用于冲便的抽水马桶。在创造了现代冲便文明和现代城市便物管网化管理的同时，开创了一个与现代化城市共存了120多年的陶瓷马桶产业。

1889年，英国水管工人博斯特尔发明了冲洗式抽水马桶。这种马桶采用储水箱和浮球，结构简单，使用方便。从此，抽水马桶的结构形式基本上定了下来。

在当今世界上，抽水马桶已被公认为"卫生水准的量尺"。应该说，英国人发明抽水马桶是对人类社会的一大贡献。

物理小链接

大多数家庭都会在马桶边设一个废纸篓，存放使用过的厕纸，但这样会造成细菌随空气散播，因为很少有人能做到随时清理，至少都会存放一两天，而时间越长，滋生的细菌就越多。

应该将厕纸丢进马桶内冲走，只要不是太厚、太坚硬，厕纸一般都能在水中很快变软，所以不用担心堵塞。有需要时，备一个卫生袋就可以，没必要再设废纸篓。如果一定要用，也要选带盖子的，以防止细菌散播，并及时处理用过的厕纸。

小孔成像——照相机的发明

照相机是人们经常使用的现代工具，已经走入千家万户，使人们的生活越来越精彩。照相机的出现，不仅给人们带来了极大的便利，还使许多景物得以更广泛地传播。如果没有照相机，现代人就见不到以前人们的生活等场景。

关于照相机的历史，最早可追溯到中国的"小孔成像"原理，早在公元前400多年，我国的《墨经》一书就详细记载了小孔成像的原理。到了宋代，在沈括所著的《梦溪笔谈》一书中，还详细叙述了"小孔成像匣"的原理。

16世纪文艺复兴时期，欧洲出现了供绘画用的"成像暗箱"。

"暗箱"是一种体积较大的机器，摄影师必须把上半身钻进一个黑布套内，在一个没有亮光的小环境中操作。这种照相机在发明之初，除了贵族家庭，社会上很少有人拥有。

1839年，法国著名画家达盖尔经过不断研究，发明了"达盖尔银版摄影

术"，于是世界上诞生了第一台可携式木箱照相机。这种照相机的出现，使人们得以在很短的曝光时间内拍出高质量的照片，对摄影术的普及做出了重大贡献。

1845年，德国人马腾斯发明了世界上第一台可摇摄150°的转机，将照相机的科技再推向一个高峰。

1849年，美国人戴维·布鲁司特发明了立体照相机和双镜头的立体观片镜。

1860年，便携式照相机又进一步发展成折叠式照相机。照相机的体积就减小了许多，比较便于携带，照相机也开始逐步走入家庭中。这一式样的照相机在照相机行业中保持了数十年之久。

1861年，物理学家马克斯威发明了世界上第一张彩色照片，相机的发展真正步入现代社会。

1935年，世界上出现了第一架具有内装式电测曝光表的照相机。1938年，第一架微型照相机问世。这两种照相机都是著名的照相机厂家"米诺克斯"照相机公司生产的。

它们的出现，使照相机一下子普及起来，成为人类生活中不可缺少的工具。之后，照相机的改进向着小型化和高自动化程度发展，如今市场流行的各种"傻瓜"照相机、数码相机便是集当今科技于一身的先进成果。

照相机使人类的文化生活丰富多彩，是当今世界类似于自行车等大众普及化程度最高的发明之一。

物理小链接

数码相机的成像原理是光线通过与胶片相机相同的镜头照到数码相机的"胶卷"上，数码相机的"胶卷"就是能使其成像的元器件，这些元器件与数码相机结为一体。

呼风唤雨——人工降雨

在《西游记》中，孙悟空可谓神通广大、无所不能，尤其他那能随时呼风唤雨的本领更令人惊叹。

只不过，在现代社会，呼风唤雨已不再是个神话。随着科学技术的发展，孙悟空的本领已经成为现实，比如，呼风唤雨已经被人工降雨所取代。

物理学中，人工降雨是根据不同云层的物理特性，选择合适的时机，通过一些高科技手段，比如飞机、火箭向云中播撒干冰、碘化银、盐粉等催化剂，使云层降水或增加降水量，以解除或缓解农田干旱、增加水库灌溉水量或供水能力，增加发电水量等。

世界上最早的人工降雨发生在1946年。

1946年，科学家文森特·谢弗尔创造了人工降雨的奇迹，从此人工降雨技术就在全世界推广开了。从梦想呼风唤雨到实现人工降雨，人类经历了一段漫长的历史时期，并为此付出了艰辛的努力。

1864年，随着科学的发展，美国人安德森第一次提出人工降雨的概念。

1890年，美国国会曾经拨款1万美元，利用火炮、火箭和气，在云中进行造雨的实验。因为条件不成熟，首次大规模的人工降雨以失败告终。

1918年，法国科学家们将装满液态气体的炮弹发射到空中，进行爆炸造雨。

1921年和1924年，美国哈尔森教授先后两次用飞机向云层播撒带沙粒，

试图促使云层碰撞而降雨。然而，这些人工造雨试验最终都以失败而告终。

1946年7月，这是人工降雨具有划时代意义的一个时间，人类经过几十年的探索，人工降雨终于取得了初步的成功。

那天，天气异常炎热，由于实验装置出了故障，装有人工云的电冰箱里的温度一直降不下来，研究人员兰茂尔只好临时用固态二氧化碳（干冰）来降温。当他把一块干冰放进冰箱里，这时奇迹出现了：水蒸气立即变成了许多小冰粒，在冰箱里盘旋飞舞，人工云化为霏霏飘雪。这一奇特现象使兰茂尔明白了尘埃微粒对降雨并非绝对必要，只要将温度降到零下40℃以下，水蒸气就会变成冰而降落下来。

1946年的一天，一架飞机在云海上飞行，研究人员将干冰撒播在云层里，30分钟后就开始了降雨。第一次真正的人工降雨获得了成功。

后来，美国通用电气公司的本加特对这种人工降雨方法进行了改良，他用碘化银微粒取代干冰，使人工降雨更加简便易行。兰茂尔在1957年去世时，终于满意地看到人工降雨已发展成为一项大规模的事业。

人工降雨的发明，标志着气象科学发展到了一个新的水平。

中国最早的人工降雨试验是在1958年，吉林省在这年夏季遭受到60年一遇的大旱，人工降雨获得了成功。1987年在扑灭大兴安岭特大森林火灾中，人工降雨发挥了重要作用。

物理小链接

人工降雨的炮弹弹片在高空爆炸后会化成不足30克，甚至只有两三克的碎屑降落到地面，其所落区域都是在此之前实验和测算好了的无人区，不会对人体造成伤害。同时，人工降雨已有一段历史，技术较为成熟，所以对人工降雨人们不必心存疑虑。

参考文献

[1] 别莱利曼. 别莱利曼系列趣味物理学[M]. 北京：中国青年出版社，2008.

[2] 贝列里门. 物理的玄机[M]. 天津：天津科学技术出版社，2009.